Pourquoi les éléphants ne peuvent pas sauter ?

Pourquoi les éléphants ne peuvent pas sauter ?

et 100 autres questions naïves et subtiles

par les lecteurs de la revue *New Scientist*

TRADUIT DE L'ANGLAIS (GRANDE-BRETAGNE)
PAR CHARLES FRANKEL

ÉDITIONS DU SEUIL
25, bd Romain-Rolland, Paris XIVe

Titre original : *Why Can't Elephants Jump ?*
Éditeur original : Profile Books, Londres

ISBN original : 978-1-84668-398-5

ISBN 978-2-02-103877-4

www.seuil.com

Introduction

Nous voilà de retour. Et en force. Dans ce nouvel ouvrage, vous allez apprendre pourquoi aucun félin n'est camouflé en vert et pourquoi des bulles de gaz apparaissent mystérieusement dans votre eau plate.

Bienvenue à *Pourquoi les éléphants ne sautent pas ?*, le dernier-né d'une collection qu'a lancée *Mais qui mange les guêpes ?* et dont le dernier volet s'intitule *Les ours polaires ont-ils le blues ?*

À travers ces quelques pages, nous allons vous révéler s'il est possible d'apercevoir la courbure de la Terre depuis le sommet d'une montagne, s'il est moins fatigant de gravir une pente en suivant une route inclinée ou en grimpant un escalier, et si courir à travers une averse vous rend moins trempé au final.

La plupart de ces questions ont pour origine le courrier des lecteurs du magazine *New Scientist*. Chaque semaine, des lecteurs posent des questions scientifiques qui ont trait à la vie de tous les jours, et d'autres lecteurs tentent d'y répondre. Vous aussi, vous pouvez rejoindre le débat en achetant le magazine ou en visitant son site web : www.last-word.com. Cela étant, ne vous attendez pas à y trouver de profondes réflexions sur la mécanique quantique ou sur l'horizon d'un trou noir : ces thèmes sont traités par les journalistes attitrés du *New Scientist* dans d'autres sections du magazine et de son site web. Ici, il s'agira plutôt de réponses à des questions d'ordre pratique, comme, par exemple, pourquoi fendre un ruban adhésif vous permet de l'arracher sans effort, et pourquoi en comprenant cela, on évite aux avions de se briser en vol.

Toutes vos nouvelles questions sont les bienvenues, de même que vos critiques constructives aux réponses déjà données. Nos connaissances progressent à un rythme effréné. Il fut un temps où nous redoutions que la curiosité et l'ingéniosité de nos lecteurs ne s'essoufflent. Or, il n'en est rien, et ce nouveau livre est un vibrant témoignage de cette soif inépuisable d'expliquer et de comprendre.

Les lecteurs les plus perspicaces relèveront qu'un grand nombre de questions dans cet ouvrage, comme d'ailleurs dans les ouvrages précédents, ont reçu réponse de la part d'un certain Jon Richfield de Somerset West en Afrique du Sud. Nombre de nos lecteurs ont douté de l'existence de ce monsieur, spéculant qu'il s'agissait d'un pseudonyme utilisé par nos propres journalistes pour répondre aux questions difficiles. D'autres, qui ne mettent pas en doute son existence, se demandent s'il y a une seule question au monde qui pourrait le faire trébucher. Nous sommes heureux de confirmer que, non seulement M. Jon Richfield existe, mais qu'il y a une question posée par sa propre épouse, à laquelle il n'a pas su répondre. Elle a donc mis cette question sur le tapis, page 47.

Enfin, pour les amateurs d'émotions fortes, nous sommes retournés au bar du casino demander à James Bond, au péril de notre vie, quel étrange processus chimique lui fait préférer les Martini virilement frappés à ceux délicatement touillés. L'enquête progresse, comme vous le lirez page 13.

Bonne lecture, donc, et n'hésitez pas à rejoindre le débat. Peut-être que sommeille en vous le prochain Jon Richfield.

Mick O'Hare

Nous tenons à remercier vivement toute l'équipe de *Profile Books*, et en particulier Paul Forty et Valentina Zanca. Nos remerciements vont aussi à Jeremy Welb, Jessica Griggs, Lucy Dodwell et à l'équipe de relecture du *New Scientist*, qui ont fait la chasse aux erreurs et aux coquilles : j'assume la pleine responsabilité de toute erreur qui subsisterait. Parachutée par surprise à ce poste, Judith

Hurrell s'est acquittée d'un prodigieux travail de recherche et de vérification, et nous lui devons aussi nos sincères remerciements. Enfin, un merci tout spécial à Sally et à Thomas.

Les commentaires en italique aux questions ont été établis par l'éditeur anglais du texte original.

1. Boire et manger

Aliment miracle

Existe-t-il un aliment particulier qui pourrait subvenir à lui seul aux besoins nutritifs et à la bonne santé de l'être humain ?

Andy Taplin, Cambridge, Royaume-Uni

Si l'on se cantonne aux substances simples, par exemple l'eau ou la graisse, il n'y a pas d'aliment miracle. Aucun produit complexe, comme la viande ou la pomme de terre, ne fait non plus l'affaire. Sont bien sûr disqualifiés tous les aliments composites, comme la pizza, qui se composent de nombreux aliments différents.

Bien qu'aucun « monorégime » ne puisse remplacer une alimentation variée et équilibrée, ce qui n'est pas surprenant, deux groupes d'aliments peuvent nous maintenir dans un état de santé satisfaisant. Le premier est la nourriture pour bébés, par exemple le lait ou les œufs. Parmi ces aliments, aucun ne convient parfaitement, mais certains assurent l'essentiel.

Le second groupe, si l'on interprète très librement la définition d'aliment, ce sont les espèces animales à part entière. L'huître, par exemple, ou un poisson gras comme la sardine pourrait sans doute satisfaire la plupart de nos besoins alimentaires. Des animaux plus évolués et plus proches de l'être humain peuvent aussi remplir ce rôle, s'ils sont correctement préparés et consommés. Dans le désert du Karoo, en Afrique du Sud, certains éleveurs ne consomment que de la viande de vache ou de mouton.

En suivant le raisonnement jusqu'au bout, pour tendre vers le monorégime le mieux adapté à l'homme, on pourrait conclure que la chair humaine est le choix le plus logique. Mais ce n'est peut-être pas du goût de tout le monde.

Jon Richfield, Somerset West, Afrique du Sud

On a fait grand cas, au fil des ans, des épinards, des fèves ou des bananes, mais il n'y a pas de solution miracle. Afin de rester en bonne santé sur toute la durée d'une vie humaine, un régime équilibré est nécessaire, qui combine sucres lents, protéines et un certain nombre de vitamines. Les proportions varient d'un individu à l'autre, entre groupes vivant dans des environnements différents, ou selon l'âge du sujet, mais atteindre cet équilibre est la clef d'une alimentation réussie.

Le régime le plus monotone suivi par un groupe d'individus est sans doute celui des Inuits dans les provinces arctiques d'Amérique du Nord. Il consiste traditionnellement en 90 % de viande et de poisson, sans le moindre sucre lent. L'explorateur Vilhjalmur Stefansson a non seulement établi que les chasseurs Inuits suivaient un tel régime carnivore de six à neuf mois par an, mais il en a lui-même fait l'expérience, en s'obligeant à ne manger que de la viande et du poisson au cours de ses expéditions.

Dans une série d'expériences contrôlées, conduites sous les auspices de la Revue de l'Association médicale américaine (*The Journal of the American Medical Association*), Stefansson et nombre de ses collègues ont répété le même régime que celui qu'ils avaient suivi dans l'Arctique, sans subir d'effets néfastes et, à la grande surprise des médecins qui les encadraient, sans être atteints de scorbut. Toutefois, des études postérieures menées sur les problèmes de santé dans la communauté Inuit ont montré une forte corrélation entre ce régime carnivore et la propension des hommes à mourir jeunes de crises cardiaques et autres accidents cardiovasculaires.

En bref, n'oubliez pas ce que vous a toujours dit votre maman : mangez vos légumes.

Hadrian Jeffs, Norwich, Royaume-Uni

Remuer ou frapper

Dans les aventures de James Bond, l'agent secret a toujours soin de préciser qu'il veut son Martini frappé, plutôt que remué. Y a-t-il une différence notable entre un Martini (mélange de vodka et de vermouth) qui est remué dans un verre avec un glaçon, et celui frappé au shaker ? Et si oui, pourquoi ?

Mark Langford, Stockport, Royaume-Uni

Cette différence postulée entre Martini remué et Martini frappé est une vieille histoire. Un précédent ouvrage de cette collection, Comment fossiliser son hamster, *avançait déjà trois réponses. Nous les rappelons ci-dessous, avant de révéler de nouvelles découvertes et commentaires.*

Lorsqu'un Martini est frappé, plutôt que remué, les alcools sont soi-disant « meurtris ». Pour les grands amateurs de Martini, cela entraîne une différence de goût.

Padraic O'Neile, Newcastle, Australie

Dans la mesure où un Martini doit être bu dans les secondes qui suivent sa préparation, et non au bout de plusieurs minutes, il y a en effet une différence notable. Les minuscules bulles introduites par un shaker rendent le mélange un peu trouble. Un tel traitement affecte la texture du cocktail : il est moins huileux que la version remuée, d'où la différence de goût. Le vieux mythe selon lequel l'alcool serait « meurtri » n'a pas de sens, car la vodka ne possède pas à ma connaissance de système cardio-vasculaire.

Peter Brooks, Bristol, Royaume-Uni

James Bond devait en fait apprécier la sensation d'attendrissement et de mûrissement qu'assure dans le vermouth l'oxydation partielle des molécules d'aldéhydes. Le phénomène est comparable à déboucher un vin et à le laisser décanter. Au sein d'un substrat homogène et raffiné comme le Martini, une bonne secouée peut accélérer le phénomène.

Alan Calverd, Bishops Startford, Royaume-Uni

Des biochimistes de l'université de l'Ontario de l'Ouest, au Canada, ont proposé que la différence de goût n'est pas causée par l'oxydation des aldéhydes, mais parce qu'en secouant un Martini, on peut décomposer le peroxyde d'hydrogène présent dans le cocktail. Des Martini remués contiennent deux fois plus de peroxyde d'hydrogène que les Martini frappés. Cela a pour effet d'en changer sensiblement l'arôme.

Peter McNally, Vancouver, Canada

La raison pour laquelle les Martini frappés ont un aspect trouble n'est pas tant la formation de bulles lors du passage au shaker, mais plutôt la dispersion dans le cocktail de minuscules cristaux de glace, provenant des glaçons fracassés. Ils rendent le cocktail laiteux, puis fondent progressivement, redonnant alors au mélange sa transparence.

Frank Melly, New York City, États-Unis

Nous nous devions de poursuivre l'enquête. Étaient-ce les bulles ou les cristaux de glace qui donnaient au Martini frappé son aspect trouble ? Et l'un comme l'autre pouvait-il changer le goût du cocktail à ce point ?

Nous avons donc préparé trois Martini. Le premier fut frappé avec de la glace pilée. Le cocktail devint très trouble et prit du temps à regagner sa transparence. D'après nos observations, cet aspect trouble est causé uniquement par des bulles minuscules, générées par l'action du shaker, ainsi que par un effet de condensation sur le verre à cocktail préalablement refroidi.

Nous n'avons pas observé de cristaux de glace, du moins de taille visible à l'œil nu.

Le second Martini fut secoué en shaker à température ambiante, sans glace. Une fois versé, on pouvait y voir des bulles, mais celles-ci se dissipèrent beaucoup plus vite que dans le cas du Martini frappé.

La troisième expérience a consisté à répliquer les conditions de rafraîchissement du Martini frappé, mais sans ajouter de glace au shaker. Le mélange et son shaker furent enveloppés dans un refroidisseur, et abaissés à la même température que le premier Martini testé. Alors seulement le mélange fut secoué. Une fois versé, il resta trouble bien plus longtemps que dans le test à température ambiante, mais pas aussi longtemps que dans le test avec la glace pilée.

Nous en avons déduit que la glace (ou les conditions froides en général) est en partie responsable de l'aspect trouble du Martini servi au shaker. Les Martini frappés au shaker avec de la glace pilée sont les plus troubles, mais contrairement à ce que suggère Frank Melly ci-dessus, des cristaux de glace ne semblent pas avoir été incorporés dans le cocktail. Les Martini refroidis et secoués sans glace sont également troubles, mais le restent moins longtemps que dans le cas précédent. Enfin, les Martini secoués à température ambiante sont les plus prompts à devenir transparents. Sans se hâter de conclure, il apparaît donc que la température joue un certain rôle dans le phénomène, mais d'autres expériences sont nécessaires pour trancher. Y a-t-il un lecteur parmi vous qui puisse examiner le Martini au microscope pour infirmer ou confirmer la présence de microcristaux de glace ?

? Sombrer dans l'alcool

Ayant découvert les joies de l'appletini (une variante du Martini où la vodka est mélangée à du jus de pomme, du cidre ou du calva), je vous soumets le problème suivant. La décoration de l'appletini consiste en une tranche de pomme et une cerise confite, empalées sur une pique à cocktail. Si on immerge la pique, cerise en tête, dans l'appletini, l'ensemble flotte, mais lorsque l'on inverse l'expérience avec la tranche de pomme en premier, la pique et ses fruits sombrent. Pourquoi ? Les densités des deux fruits donnent le même total dans les deux cas, et leur orientation ne saurait non plus avoir d'importance. Je vous laisse imaginer le nombre de cocktails qu'il a fallu ingurgiter, avant que cette anomalie n'éclate au grand jour et devienne un brûlant sujet de conversation.

Richard Batho, Jersey, Royaume-Uni

L'éthanol est un agent mouillant, donc dans un cocktail contenant de l'alcool, la tranche de pomme submergée n'accroche pas suffisamment de bulles d'air pour soutenir par flottaison la cerise plus dense. L'ensemble est donc condamné à sombrer, à moins de rajouter de l'eau pétillante ou du soda, dont les bulles supplémentaires s'accrochent à la pomme et permettent de soulever l'épave hors des flots.

Le tremblement incontrôlé du verre fausse les observations après le troisième ou le quatrième cocktail, mais on peut tout de même avancer que la flottabilité est une affaire bien plus complexe qu'il n'y paraît. Un navire des plus stables en apparence peut par exemple sombrer s'il se couche sur le flanc.

Prenez l'exemple d'une fine lame de rasoir ou d'une épingle lâchée dans un verre d'eau – une eau pure et parfaitement lisse. Tombé pointe ou tranche en avant, l'objet coule, car le métal est plus dense que l'eau. Mais si l'objet tombe à plat, sa tension superficielle lui permettra de flotter, surtout si le métal est légèrement huilé.

Le comportement de votre pique à cocktail relève de ce cas de figure. La peau huileuse et la forme large et plate de votre tranche de pomme offrent une résistance farouche à l'effet mouillant que procure l'éthanol, même si une vague d'alcool submerge le fruit.

La stimulation cérébrale qu'occasionne ce problème complexe pourrait compenser, jusqu'à un certain stade, les effets débilitants de l'appletini, mais sans garantir d'en effacer toutes les séquelles.

Antony David, Londres, Royaume-Uni

? Ça arrache !

La moutarde et le piment rouge piquent tous deux la langue. Mais alors que le piment brûle très longtemps la bouche, les picotements de la moutarde disparaissent au bout de quelques secondes. Comment expliquez-vous cela ?

Dominic Lopez-Real, par courriel, pas d'adresse postale

La principale substance chimique responsable de cette impression de brûlure, dans le cas du piment, est la capsaïcine, un composé organique complexe qui se lie aux sites récepteurs de la bouche et de la gorge, produisant cette sensation tout aussi crainte que désirée.

La capsaïcine est une huile, pratiquement insoluble dans l'eau. C'est pourquoi, pour la déloger, il faut une substance contenant un corps gras, comme le lait, alors que la salive à base d'eau n'y suffit pas.

En revanche, ce qui donne du piquant à la moutarde, ainsi qu'au raifort et au wasabi, c'est l'isothiocyanate d'allyle. Ce composé est légèrement soluble dans l'eau et peut donc être mieux dispersé par la salive. En outre, il est plus volatil que la capsaïcine et s'évapore plus rapidement, ses vapeurs pouvant pénétrer les voies respiratoires et propager l'impression de brûlure jusqu'aux neurones sensoriels du nez. On peut éliminer les vapeurs de la zone olfactive en respirant profondément, stratégie fort utile lorsque la sensation de brûlure devient insupportable.

Zachary Vernon, Toronto, Canada

L'élégance du champignon

On nous incite constamment à manger cinq fruits et légumes par jour, à consommer moins de viande et à manger plus de poisson. Mais on fait peu de cas de l'autre royaume du monde vivant : les champignons. Quelle est la valeur nutritionnelle de ces moisissures comestibles ?

Rachel Cave, Galway, Irlande

Il se trouve que j'habite dans le village de Bourré dans le Loir-et-Cher, qui fut longtemps un pôle majeur de la culture du champignon. Il n'en reste plus aujourd'hui qu'une cave artisanale, destinée principalement aux touristes. On y trouve néanmoins les deux espèces de champignon qui ont fait les beaux jours des champignonnières : le champignon de Paris, de son nom latin *Agaricus bisporus* ; et le shitaké ou lentin des chênes (*Lentinula edodes*). Le champignon de Paris recèle un peu plus de 30 grammes de protéines au kilogramme, ainsi que des sels minéraux en faible concentration, en particulier le calcium, le magnésium, le phosphore, le potassium, le zinc, le cuivre et le manganèse. Il contient aussi de la vitamine C et plusieurs types de vitamine B. Le shitaké, pour sa part, est composé d'un peu plus de zinc, mais de moins de protéines et de vitamine C.

Comme je suis végétarien, je trouve les champignons fort utiles pour rehausser le goût et la texture de mes recettes. On peut les incorporer avec bonheur dans diverses sauces en substitut à la viande, et d'un point de vue nutritif, ils soutiennent plutôt bien la comparaison avec les autres produits végétariens. Et, s'ils sont cuisinés avec soin, par exemple dans de l'huile d'olive avec de l'ail et du thym, ils sont tout simplement succulents.

Steve McGiffen, Bourré, France

Les champignons sont généralement comestibles et de grande valeur nutritionnelle. Ce sont d'excellentes sources de protéines, de sels minéraux et de fibres alimentaires, avec peu de graisses, de cholestérol et d'acides gras. Ils sont source également de vitamines, notamment de riboflavine (B2), de niacine (B3) et d'acide pantothénique (B5). Au total, les champignons sont hautement recommandés pour les personnes souffrant de diabète ou d'un taux élevé de cholestérol.

Plusieurs espèces de champignon, du groupe des basidiomycètes, contiennent des composés phytochimiques qui pourraient servir en cardiologie et en immunologie. Quant au champignon de Paris, *Agaricus bisporus*, il contient des protéines – les lectines – qui ont montré des vertus curatives dans le traitement du psoriasis.

Saikat Basu, Lethbridge, Canada

? Cul sec

Pourquoi est-ce plus facile d'avaler cul sec une pinte de bière (ou à défaut d'orangeade) que la même quantité d'eau ?

Geoff Lane, Bury, Royaume-Uni

S'agit-il d'une simple anecdote personnelle, ou bien l'expérience a-t-elle été conduite dans les règles de l'art ? J'ai bien peur qu'on en soit resté au stade de l'anecdote.

Quoi qu'il en soit, une explication possible serait que la bière et le jus de fruit ont des arômes forts et plaisants, alors que l'eau est sans saveur, et qu'il y a plus de motivation dans un pub à tenter l'expérience avec de la bière plutôt qu'avec de l'eau.

Tout dépend certainement du contexte. De retour d'une virée dans le désert et passablement déshydraté, je serais plutôt enclin à choisir une pinte d'eau plutôt qu'une pinte de bière. Dans un pub, où les risques d'insolation sont moindres, mon choix porterait plutôt sur la bière.

Il est donc important d'établir si le phénomène proposé est fondé dans les faits (on pourrait par exemple demander à des personnes objectives de comparer leur descente de bière et celle d'autres boissons carbonatées) et s'il se répète dans nombre de contextes différents. Si un consensus expérimental se dégage, il nous appartient alors de l'examiner d'encore plus près, de vérifier si l'expérience a été bien conçue et les résultats dignes de foi. Alors, il nous resterait à en trouver la cause. Voilà comment j'aborderais scientifiquement le problème.

Mike O'Mahony, professeur et chercheur en sciences sensorielles, université de Californie, États-Unis

? La foudre du brocoli

Lorsque je réchauffe un plat de brocolis et de purée dans mon micro-ondes, j'entends parfois de violentes décharges électriques, notamment lorsque brocolis et purée sont au contact l'un de l'autre. À la sortie du micro-ondes, certaines sections sont carbonisées. Qu'est-ce qui se passe ?

Stephen Plevier, Hadfield, Australie

Dans un tel four, les ondes traversent la nourriture un peu comme la lumière traverse un objet translucide : celles absorbées au passage se transforment en chaleur. Ainsi peut-on décrire le processus pour des volumes de nourriture mesurant au moins 6 centimètres de section.

En revanche, si la masse à réchauffer est plus petite et de forme irrégulière, il y a une interaction complexe entre celle-ci et la longueur d'onde du rayonnement (qui est généralement de 12,24 centimètres). Les micro-ondes se comportent alors davantage comme des ondes radio, et des légumes aux nombreuses aspérités deviennent conducteurs. Ils agissent comme des antennes le long desquelles les charges électriques oscillent à des fréquences de l'ordre de 2,5 gigahertz – soit 2,5 milliards de fois par seconde. Lorsqu'il y a d'étroits espaces entre les aspérités du légume, les électrons sautent le pas, créant des étincelles et des points chauds qui carbonisent la zone en question. D'autres conducteurs, comme les fourchettes ou les assiettes décorées à la feuille de métal, produisent également des arcs électriques.

Si votre brocoli est en contact avec des grumeaux de purée ou autrement saturé en jus, le fluide peut boucher les trous et recouvrir les aspérités, neutralisant le phénomène, mais là où les électrons peuvent bondir librement d'une pointe à l'autre, il y aura du grabuge.

Brian Allen-Smith, Philadelphie, États-Unis

Sumo volant

Cette année, pour le repas de Noël, j'ai cuisiné une oie au four. J'ai été étonnée par la quantité de graisse libérée par la volaille tout au long de la cuisson. À quoi leur sert toute cette graisse ?

Debora MacKenzie, Bruxelles, Belgique

Je serais d'avis que les oies n'ont pas besoin de cette graisse, mais plutôt que leur élevage intensif les a bourrées de calories qu'elles ont stockées sous cette forme, à l'instar de nombreux animaux, êtres humains compris, qui mangent trop et ne se dépensent pas assez.

Les oies sauvages sont plutôt maigres, parce qu'elles se nourrissent surtout d'herbes et de graines variées qui contiennent peu de calories, nourriture qu'elles doivent picorer de nombreuses heures durant, sans compter l'énergie dépensée en vol, souvent sur de longues distances, pour atteindre les sites en question.

Les oies domestiques, à l'inverse, même si elles sont élevées en plein air, ont accès à de la nourriture concentrée et calorifique, comme les autres volailles de basse-cour. Elles dépensent peu d'énergie pour satisfaire leurs besoins et, une fois atteint leur taille adulte, stockent la majorité des calories sous forme de graisse.

Ian Jeffcoate, école vétérinaire de l'université de Glasgow

À l'état sauvage, les oies sont des oiseaux aquatiques dont la plupart des espèces sont migratoires. Elles ont donc besoin d'une réserve d'énergie conséquente pour leurs vols de longue durée, et d'une isolation efficace contre le froid et l'humidité. La graisse couvre efficacement ces deux besoins.

Pour une oie, la graisse est donc loin de constituer un poids mort. À l'âge adulte, une oie cendrée – l'espèce sauvage dont descendent la plupart des oies domestiques – peut peser jusqu'à 5,5 kilogrammes. Pour une envergure de 1,60 mètre, cela donne une charge alaire (poids divisé par surface portante) relativement modeste.

En termes aéronautiques, les oies seraient rangées dans la catégorie des gros porteurs long-courriers. Un fort volume de carburant capable de les alimenter sur des milliers de kilomètres est vital, plutôt qu'un handicap.

Cela étant, le rapport entre masse de graisse « embarquée » et masse du corps est bien plus bas chez l'oie sauvage que chez l'oie d'élevage élue au menu de votre repas de Noël. Pour nombre de raisons, l'éleveur augmente le taux de graisse des oies domestiques, à la fois par sélection génétique et à travers leur alimentation.

Il faut savoir qu'avant l'invention du chemin de fer, l'oie jouissait d'un grand avantage sur la dinde, du point de vue de l'éleveur : elle était beaucoup plus facile à transporter. En Angleterre par exemple, les éleveurs d'East Anglia (la région agricole à l'est de Londres) n'avaient qu'à faire marcher leurs oies jusqu'à la capitale pour les vendre au marché. Ils savaient qu'à la différence de la dinde, l'oie ne risquait pas d'aller se percher la nuit sur un arbre et refuser d'en descendre le lendemain. En outre, l'oie pouvait se sustenter, sur les quelque 150 kilomètres du parcours, en picorant les bas-côtés et en puisant dans ses réserves de graisse.

Du point de vue du cuisinier, l'avantage de l'oie sur la dinde, c'est qu'elle ne nécessite pas qu'on lui ajoute du jus lors de la cuisson, car sa propre graisse lui suffit, charge au cuisinier de remonter périodiquement le jus sur le dos de la volaille.

Hadrian Jeffs, Norwich, Royaume-Uni

? Histoire d'eau

L'eau pétillante est-elle plus légère que l'eau plate ?

Question des auditeurs, BBC Three Counties Radio

L'eau pétillante, c'est-à-dire carbonatée, est plus dense et plus lourde que l'eau plate (non carbonatée), tant que le dioxyde de carbone est en solution et ne crée pas de bulles. Pour une masse donnée d'eau et de dioxyde de carbone dissous, le volume du mélange s'obtient en additionnant le volume de l'eau pure (environ 1 millilitre par gramme) et celui du gaz (0,8 millilitre par gramme).

Ainsi, une solution de 2 grammes de dioxyde de carbone dans 998 grammes d'eau a une masse totale de 1 kilogramme, un volume de 999,6 millilitres et donc une densité de 1,0004 gramme par millilitre (à une température de 4 °C, qui est celle où l'eau atteint sa densité maximale). Vous pouvez consulter les calculs et graphiques afférents dans un article mis en ligne sur le site éducatif de l'université de Californie (http://escolarship.org/uc/item/6dn022hb). Toutefois, lorsque cette eau entre en effervescence, elle est plus légère, c'est-à-dire moins dense que l'eau plate. Ce sont les bulles qui abaissent la densité : 2 grammes de dioxyde de carbone correspondent à un volume d'environ 1 litre à l'état gazeux.

Le lac Nyos, au Cameroun (*formé par un barrage naturel de roches volcaniques, NdT*), reçoit dans ses eaux profondes une infusion de dioxyde de carbone. En temps normal, ces eaux chargées en dioxyde de carbone restent cantonnées au fond du lac car elles sont plus denses, mais parfois des bulles se forment causant l'ascension du liquide. Le processus a tendance alors à s'emballer, avec la remontée de grandes quantités de gaz qui bouillonnent en surface.

En 1986, 1 700 personnes ont perdu la vie lorsque le dioxyde de carbone s'est répandu hors du lac et s'est écoulé dans la vallée en contrebas. (*New Scientist*, 24 mars 2001, p. 36.)

Eric Kvaalen, La Courneuve, France

? Un zeste de citron

En buvant de l'eau d'une carafe qui contenait des quartiers de citron et de citron vert, mes amis et moi avons constaté que le citron flottait alors que le citron vert avait coulé au fond de la carafe. Vu le nombre de quartiers impliqués, ce n'était de toute évidence pas le fruit du hasard. D'ailleurs, après concertation, il s'est avéré qu'aucun d'entre nous n'avait vu de citron flotter auparavant. Quelqu'un a-t-il une explication ?

Bladon Mooney, Leicester, Royaume-Uni

Le phénomène tient à l'interaction de deux facteurs : la teneur en air et celle en éléments dissous. Les cellules des fruits ont une forte concentration d'éléments dissous, en particulier d'acides organiques dans le cas des agrumes et de sucres dans le cas des pommes. Dans certains cas, ces solutés peuvent atteindre 18 %

du poids total du fruit. Plus les solutés sont concentrés, plus les cellules sont denses et plus le fruit tend à couler.

Dans les tissus végétaux, il y a également de minuscules poches d'air entre les cellules, de sorte que les tissus sont globalement moins denses que les cellules individuelles. Si les poches d'air sont suffisamment nombreuses, les tissus flottent, même si les cellules individuelles sont assez denses pour couler. La quantité d'air peut varier d'un minimum de 1,5 % du volume total, dans le cas de la pomme de terre, à un maximum de 20 % pour certaines espèces de feuilles.

L'effet des poches d'air n'est pas suffisant pour faire flotter la pomme de terre, mais une pomme contenant 15 à 20 % d'air par volume se met à flotter, malgré le poids de ses sucres cellulaires.

Le volume des poches d'air dépend de nombreuses données, tout comme la concentration en éléments dissous : des conditions lors de la croissance du fruit, du degré de mûrissement, des conditions de préservation. Dans le cas des agrumes, la peau est un facteur important. Sous l'écorce colorée, la peau blanche (ou *mésocarpe*) est pauvre en solutés et truffée de poches d'air, alors que les segments comestibles regorgent de sucres et d'acides et manquent de poches d'air. Si vous pelez une clémentine et que vous plongez morceaux d'écorce et quartiers dans un bol d'eau, vous verrez les segments couler et la peau blanche flotter. Certains citrons ont une peau épaisse et sont de bons flotteurs, mais si vous conservez vos citrons un certain temps, l'épaisseur de la peau blanche diminue, rendant le fruit plus apte à couler.

En résumé, ce qui détermine de manière décisive si votre tranche d'agrume flotte ou coule dans votre verre, c'est l'épaisseur de sa peau blanche.

Rod Bieleski, physiologiste des végétaux (retraité),
Devonport, Nouvelle-Zélande

Le poivron dans tous ses états

Lorsque l'on coupe en deux un poivron ou un piment, on constate un grand volume d'air interne, mais pas d'orifices dans la peau du fruit par lesquels cet air peut circuler. Quelle est la composition des gaz dans cette cavité interne et d'où viennent-ils ? Y a-t-il par exemple plus d'oxygène et moins de dioxyde de carbone dans un poivron vert que dans un poivron jaune, orange ou rouge ?

Rosa Clements, Harrogate, États-Unis

En fait, il n'est pas exact d'affirmer qu'il n'y a pas « d'orifices dans la peau du fruit par lesquels l'air peut circuler ». Comme la plupart des autres plantes, la peau d'un poivron (famille des *capsicum*) possède des stomates. Ce sont des orifices dont l'ouverture est contrôlée par deux cellules spécialisées – les cellules de garde – en fonction des besoins de la plante.

Les orifices communiquent avec un dense réseau de poches d'air dans le tissu végétal, communication nécessaire pour les échanges gazeux liés à la photosynthèse et à la respiration de la plante.

La source de l'air interne, c'est donc l'atmosphère qui entre par les stomates et transite à travers la peau du fruit par les poches d'air intercellulaires. Tous les fruits de la famille des *capsicum* sont verts à l'origine, avec des chloroplastes en bon état de marche, donc il est possible que la photosynthèse puisse enrichir le fruit en oxygène à ce stade, mais relativement peu, parce que les échanges gazeux avec le milieu extérieur sont nécessaires et qu'un apport en dioxyde de carbone est indispensable à la photosynthèse.

Lorsque le poivron vire au jaune ou au rouge, c'est que les chloroplastes ont cessé de fonctionner et sont devenus des chromoplastes contenant des dépôts fibreux de protéines et de caroténoïdes. La photosynthèse a cessé à ce stade et le gaz interne ne risque plus de différer sensiblement de l'air externe, hormis sa teneur en vapeur d'eau.

Guy Cox, Sydney, Australie

Sucré ou salé ?

Lorsque nous avons très faim, la façon la plus rapide d'obtenir de l'énergie est d'ingurgiter des sucres simples, comme ceux contenus dans les desserts. Pourquoi s'obstine-t-on alors à manger d'abord des plats cuisinés avant les desserts, et non l'inverse ? J'ai remarqué qu'en avion, où plat, fromage et dessert arrivent en même temps sur un plateau, on ne suit pas nécessairement l'ordre établi.

Toni Lluddmecy, Londres, Royaume-Uni

La notion de repas, qui consiste en une séquence particulière de plats, est inhérente à la civilisation humaine. La plupart des animaux mangent ce qu'ils peuvent, quand ils peuvent. Si on leur donne un choix, ils commencent par leur mets favori et terminent par ce qu'il y a de moins désirable. Plus l'aliment est désirable, plus grande est la probabilité de le perdre si l'on hésite, ce qui aurait de fâcheuses conséquences. La disponibilité d'un aliment est plus importante que son contenu énergétique intrinsèque, de sorte que la sélection naturelle favorise la recherche d'une nourriture facilement disponible, et cela pour toutes les espèces, de la bactérie à l'être humain. Les enfants se rueront naturellement sur les sucreries, si elles sont à portée de main.

Ce n'est que lorsque l'être humain a atteint un niveau de sécurité et de productivité suffisant, assorti de temps libre, qu'ont fait apparition les repas composés de plusieurs plats et qu'a été formulé le principe de « pas de sucré avant le salé ».

Bien avant que l'homme ne se rende compte que saturer le sang en sucre n'est pas bon pour la santé, il a appris que le sucré en début de repas a tendance à couper l'appétit. Le servir d'abord est une stratégie astucieuse si l'on veut empêcher ses invités de finir tous les plats, mais cela gâche le déroulement d'un bon dîner, tout en éliminant le plaisir d'anticiper le bouquet final du dessert. Outre leur fonction de renforcer l'état plaisant de satiété en fin de repas, les desserts sucrés sont moins nocifs à ce stade, car diluer des sucres dans un bol alimentaire déjà conséquent diminue l'afflux du sucre dans le sang.

Stuart van Dyck, La Haye, Pays-Bas

Ce n'est qu'à une époque relativement récente, et en Europe, que les sucres ont été relégués en fin de repas. Dans la majeure partie du monde, on ajoute du sucre aux viandes cuisinées, comme dans les recettes orientales de sucré salé, ou dans la sauce *mole* des plats mexicains.

La cuisine européenne en a fait de même jusqu'au XVIIe siècle, sur la base d'une théorie de l'alimentation héritée des Anciens Grecs, qui postulait que le sucre était l'aliment parfait. De nombreux plats de viande étaient sucrés, jusqu'à ce qu'une nouvelle théorie déclare le sucre dangereux et le relègue à un plat mineur servi à la fin du repas, lorsque l'appétit est déjà assouvi. Mais on peut encore voir des traces de la mode précédente, à travers des condiments comme le ketchup ou la sauce barbecue, riches en sucre.

Pour une analyse historique de ce changement de mode alimentaire en Europe, se référer à l'article de Rachel Laudan, « La diététique au XVIIe siècle », dans le numéro d'octobre 2000 de *Pour la Science*. À travers d'autres articles, Rachel Laudan a également souligné que de nombreux plats ethniques, dits « traditionnels », ont été créés il y a moins de cent ans pour plaire aux touristes.

Alan Chattaway, Surrey, Canada

2. Notre corps

Double plomberie

Notre fille Aisling aimerait savoir pourquoi l'évolution nous a dotés de deux systèmes séparés pour l'excrétion de nos déchets. Pourquoi faire, en parallèle, la petite et la grosse commissions ?

Maeve et Chris Tierney, Édimbourg, Royaume-Uni

La question mérite d'abord d'être rectifiée. En effet, les matières fécales ne sont pas « excrétées » au sens propre du terme, car le tube digestif est exactement ce que son nom indique : un long tube. Dans un tube, le conduit central n'en fait pas partie, c'est le milieu extérieur. Ainsi, le tube digestif qui court de notre bouche à notre anus délimite techniquement un passage qui appartient au monde extérieur plutôt qu'à notre corps.

Excréter une substance consiste à faire passer de la matière de l'intérieur du corps vers l'extérieur. Nos reins excrètent de l'urine, notre peau excrète de la sueur, nos poumons excrètent de la vapeur d'eau et du dioxyde de carbone, et notre tube digestif excrète de nombreuses substances pour faciliter la digestion, ainsi que quelques déchets sous forme de bile. Parmi les autres excrétas provenant du corps, on peut citer les larmes, le cérumen des oreilles et les sécrétions des organes sexuels. Quant aux boutons et autres points noirs de la peau, que risque de connaître votre fille à l'adolescence, ce sont des excrétas qui ont du mal à s'écouler.

Nos matières fécales, en revanche, consistent en nourriture

non digérée et en bactéries. Elles n'ont jamais fait partie de notre corps. À part la bile qu'elles contiennent et quelques autres déchets provenant des glandes exocrines, ce ne sont pas des excrétas, malgré l'usage familier que l'on fait du terme.

Bryn Glover, Cracoe, Royaume-Uni

Les déchets que l'on élimine ont deux origines différentes. Les matières fécales contiennent la fraction non digérée des aliments que nous mangeons, ainsi que de la bile en provenance du foie, qui leur donne leur couleur brune.

L'urine, en revanche, est le produit du filtrage du sang, qui prend place dans les reins. L'urine contient des déchets azotés, principalement sous forme d'urée, qui proviennent du métabolisme des protéines et des acides nucléiques, et qui sont donc indépendants de la digestion. En outre, l'urine contient de l'eau et des solutés en provenance du sang, ainsi que des fluides interstitiels éliminés pour ajuster l'équilibre en eau du corps. Fondamentalement, donc, les matières fécales résultent de processus à grande échelle qui concernent le seul appareil digestif, alors que la production d'urine opère à plus petite échelle en éliminant les déchets au niveau cellulaire.

Nous sommes bien conscients de posséder deux systèmes d'évacuation, parce que nous avons un orifice séparé pour chacun d'entre eux : l'anus et l'urètre. Chez d'autres animaux, la démarcation est loin d'être évidente. Les oiseaux, les reptiles et les amphibiens possèdent un cloaque qui leur sert d'orifice commun pour les déchets tant solides que liquides. Les insectes brouillent encore plus les cartes : plutôt qu'un système urinaire séparé, ils possèdent des tubes malpighiens dans leur appareil digestif – excroissances du tube digestif qui assurent le même processus de filtration que nos reins.

Shaun Hug, La Mirada, États-Unis

Chérie, passe-moi ton « déo »

J'ai récemment acheté un déodorant. En arrivant chez moi, je me suis aperçu que c'était un produit pour femmes, mais comme je ne voulais pas gâcher d'argent, je l'ai utilisé quand même. Rien de grave ne m'est arrivé et je n'ai pas reçu de regards suspicieux de la part de mes amis et collègues. Quelles sont donc les différences entre les déodorants pour hommes et ceux pour femmes ? Est-ce plus efficace d'utiliser le « bon » déodorant, plutôt que celui destiné au sexe opposé, et quels sont les inconvénients si on les inverse ?

Alan Ainscroft, Leeds, Royaume-Uni

La principale fonction d'un déodorant est d'empêcher la croissance des bactéries qui se nourrissent des sécrétions des glandes sudoripares. Les déodorants peuvent être classés en fonction de leur puissance. Mais comme le sexe est vendeur, il en existe pour les hommes et pour les femmes. Leurs différences se résument à trois facteurs : le parfum, l'emballage et le marketing.

Les parfums proposés tant aux hommes qu'aux femmes couvrent toute la gamme des fleurs, herbes aromatiques, fruits et bois divers, et sont jugés convenables uniquement par rapport à des critères personnels ou culturels. Par exemple, un déodorant haut de gamme récemment mis sur le marché contient herbes aromatiques, agrumes, ylang-ylang, jasmin, fleur de tiaré (monoï), musc, bois tropical et noix de coco… et c'est un déodorant pour hommes. En fait, les femmes achètent souvent des déodorants pour hommes, sans subir l'embarras social qu'un homme peut ressentir dans la situation inverse.

Toshi Knell, Nowra, Australie

? Grosse fatigue

Pourquoi les gens fatigués ont-ils des cernes sous les yeux ?

Tammy-Ann Sharp, New Romney, Royaume-Uni

Le mot-clef est « fatigué » : la fatigue est un problème plus vaste qu'un simple manque de sommeil.

Les personnes heureuses et en bonne santé, qui manquent simplement de sommeil, n'ont généralement pas de cernes sous les yeux. Leurs yeux sont simplement mi-clos (chute de la paupière supérieure) et quelque peu enfoncés dans les orbites. Parfois leurs yeux sont rouges, parce que le manque de sommeil ralentit la fréquence de battement des paupières, ce qui assèche l'œil, surtout si l'air est sec ou s'il contient de la fumée de cigarette.

Les personnes en manque de sommeil ont un visage moins expressif, mais n'ont pas de cernes sous les yeux, à moins qu'elles n'en possèdent déjà, auquel cas le manque de sommeil tend simplement à les assombrir un peu.

Les cernes sont plutôt le signe d'une fatigue chronique, la personne étant stressée et épuisée, plutôt que simplement en manque de sommeil. Les gens fatigués n'ont pas seulement besoin de sommeil, mais d'un style de vie plus agréable. Plus facile à dire qu'à faire, bien sûr. Ils peuvent avoir des difficultés à trouver le sommeil, malgré leur fatigue, et prendre des somnifères n'est pas la bonne solution.

Pour ce qui est de l'anatomie précise des cernes, personne ne sait s'il s'agit d'un afflux sanguin, de l'amincissement d'une peau déshydratée, ou d'un autre phénomène non identifié.

Jim Horne, Centre de recherche sur le sommeil,
université de Loughborough

Battre la mesure

La plupart des œuvres musicales sont écrites en 4/4, c'est-à-dire sur un rythme de 4 temps par mesure. Pourquoi préférons-nous la mesure à 4/4 ? Y a-t-il dans notre cerveau des circuits cadencés à ce rythme ?

Michael Light, Carlisle, Australie

Je crois qu'il est exagéré de dire que la majorité des œuvres musicales sont écrites en 4/4, mais une bonne partie l'est assurément, d'où l'appellation de « temps ordinaire » qu'on lui attribue. En tant que professeur de musique, j'ai constaté que de nombreux élèves trouvent plus difficile de jouer en 3/4 qu'en 4/4, et qu'ils ont tendance à ajouter un quatrième temps dans le 3/4, soit en rallongeant la dernière note de chaque mesure, soit en y plaçant une pause.

Mon propre sentiment, sans faire référence au cerveau mais en me basant sur de nombreuses années passées à écouter mes élèves, c'est que nous préférons le rythme 4/4 parce que nous avons deux jambes et deux bras. La marche musicale est en effet une cadence rythmique qui se veut l'extension des gestes que nous faisons en marchant et en balançant les bras. « Gauche, droite, gauche, droite » est facilement transposable en « 1, 2, 3, 4 », et on peut considérer la musique à 4 temps comme une version modifiée de cette cadence de marche.

Je suis convaincue que si nous avions trois jambes, nous trouverions la mesure à 3 temps beaucoup plus facile, mais cela nous vaudrait sans doute d'autres soucis.

Daphne Gadd, Cambridge, Royaume-Uni

La musique populaire, qu'elle soit danse ou chanson, n'a pas besoin d'être structurée en 4 temps. Il suffit pour s'en convaincre de considérer la musique folklorique : elle recèle toute une gamme de structures rythmiques. La musique basque et la musique bulgare nous proposent des mesures à 5/8 et à 7/16.

En Amérique latine, le rythme connu sous le nom de *sesquialtera* juxtapose des cadences en 3/4 et en 6/8. Quant aux rythmes indiens et africains, ils sont d'une complexité qui dépasse de loin tout ce qui se fait actuellement dans la musique occidentale, qu'elle soit pop ou rock.

La raison pour laquelle la mesure à 4/4 est devenue dominante dans la musique occidentale au cours du XXe siècle tient au jazz qui tire en partie son origine des musiques de fanfare jouées par les Afro-américains lors des marches funéraires dans le sud des États-Unis. La plupart de ces marches musicales sont en 2 temps ou en 4 temps. Depuis cette époque, la promotion incessante de la musique pop moderne a sans doute émoussé notre faculté d'apprécier d'autres structures rythmiques.

L'ironie du sort, c'est qu'au-delà de l'influence qu'il a exercée pour imposer le 4/4 dans d'autres musiques, le jazz a gardé pour lui une grande variété de rythmes, comme par exemple les valses de jazz. *Take Five* de Dave Brubeck est écrit en 5/4, et d'autres virtuoses ont eu recours à des rythmes encore plus exotiques, tel le 11/8, ou bien ont superposé deux structures rythmiques différentes.

Avec le recul de l'histoire, la mesure à 3 temps (3/4) a sans doute été la plus importante. Au XIXe siècle, la mode était à la valse et à la mazurka, alors qu'au XVIIIe siècle, le menuet était à l'honneur, également à 3 temps. Quant à la musique baroque, ses ouvertures débutaient avec la lenteur du 4 temps, mais se concluaient par un 3 temps plus rapide.

La danse favorite de Charles II d'Angleterre au XVIIe siècle était écrite en 6/4, le roi soleil Louis XIV aimait la sarabande et la reine Elizabeth la gaillarde, toutes des danses à 3 temps. En reculant jusqu'au Moyen Âge, la musique d'église était écrite en 3 temps, parce que le temps triple évoquait la sainte Trinité.

S'il apparaît aujourd'hui que nous avons une prédisposition naturelle pour le 4/4, c'est en fait illusoire : ce rythme nous est imposé par la mode que subit la musique occidentale contemporaine.

Ian Gammie, Corda Music Publications, Royaume-Uni

Mort dans l'espace

Durant les longs vols dans l'espace, il est possible que des personnes meurent, suite à une maladie ou à un accident. Qu'y a-t-il de prévu pour disposer des corps ?

Jessica Franklin (12 ans), Londres, Royaume-Uni

Durant les longs vols habités – ceux que la NASA envisage vers la planète Mars par exemple –, les astronautes seront confrontés à de nombreux risques, comme l'exposition aux radiations cosmiques, ainsi qu'aux mêmes problèmes de santé que ceux rencontrés sur Terre.

Cela étant, il est plutôt surprenant que la NASA n'ait pas de politique précise pour disposer des corps en cas de décès lors de ces longues missions. On relèvera pourtant que la charte américaine de l'aéronautique et de l'espace (*US National Aeronautics and Space Act*), en date de 1958, précise que « chaque membre d'équipage avisera l'Administrateur de ses préférences concernant les dispositions à prendre avec sa dépouille, et l'Administrateur se devra, dans la mesure de ses moyens, de respecter ces préférences stipulées ». Cela suggère que l'éventualité d'un décès en cours de mission a été prise en considération.

Si un astronaute devait mourir en vol, il y aurait trois options possibles pour disposer de son corps : éjection dans le vide du cosmos, enterrement une fois arrivé à destination, ou rapatriement du corps sur Terre.

Inhumer un corps sur une autre planète soulève des questions d'ordre bioéthique, puisque cela pourrait avoir des conséquences sur de potentielles formes de vie extraterrestre. D'un autre côté, voyager dans un vaisseau spatial durant des mois ou des années avec un cadavre pourrait s'avérer stressant pour le reste de l'équipage. Toutefois, on pourrait songer à équiper les vaisseaux, pour les vols de longue durée, de compartiments pour le stockage ou l'élimination d'éventuels cadavres, qui soient conformes aux habitudes culturelles de l'équipage.

Alice Gorman, Flinders University, Adelaïde, Australie

N'y pensez même pas

Je suis secrétaire et mon travail consiste à faire beaucoup de saisie. Si je ne pense pas à ce que je fais, je peux taper très vite et sans fautes, mais dès que je me mets à penser à ce que je fais, où se trouvent les touches par exemple, je tape à tort et à travers, très lentement et en faisant beaucoup de fautes. J'ai le même problème dans plein d'autres activités, en jouant du piano, en conduisant ma voiture, même en parlant et en lisant. Si vous pensez à ce que vous êtes en train de faire, vous perdez en efficacité. Pourquoi ?

Lucy Kaye, Londres, Royaume-Uni

Ce que vous constatez est effectivement correct et on peut le répliquer au laboratoire sous conditions expérimentales. Pour autant, les causes ne sont pas élucidées.

Pour ma part, j'avancerais que le fait de faire quelque chose automatiquement, plutôt qu'en y pensant, est comparable à la différence entre le calcul parallèle et le calcul séquentiel dans un ordinateur. Dans le cas du calcul parallèle, nous pouvons embrasser un grand nombre d'opérations en même temps. Mais lorsque nous pensons à ce que nous faisons, ce qui relève du calcul séquentiel, nous ne pouvons effectuer qu'un nombre restreint d'opérations dans le cadre du travail à effectuer, voire même nous tromper d'opération.

Cela ne nous dit pas pourquoi, à l'inverse, il est parfois utile de penser à ce qu'on est en train de faire. Si ce n'était pas le cas, on ne ferait jamais ce qu'on fait ! Penser à ce qu'on est en train de faire est peut-être la seule façon de tenter de nouvelles choses, avant que les automatismes ne se mettent en place.

Chris Frith, Welcome Trust Centre for Neuroimaging, University College de Londres

Le cœur brisé

Pourquoi, lorsque l'on ressent un chagrin qui nous « brise le cœur », la sensation paraît-elle effectivement provenir du milieu de la cage thoracique, là où se trouve le cœur ?

Mark Collen, Sacramento, États-Unis

Une autre métaphore nous met sur la voie : les Japonais invoquent l'estomac plutôt que le cœur. Dans la langue anglaise, on dit aussi « ne pas avoir l'estomac » à faire quelque chose (*et en français « ne pas avoir les tripes », NdT*). Chez les personnes en bonne santé, ce sont les viscères munis de muscles qui peuvent se faire remarquer par leur comportement, notamment le cœur, l'œsophage et l'estomac. Bien qu'ils soient contrôlés automatiquement par le système nerveux autonome et par la régulation hormonale, leurs réactions sont riches en enseignements.

Le cœur indique nos émotions à travers l'intensité et le rythme de son activité. Un choc émotionnel, par exemple, amplifie et accélère ses battements. L'anxiété peut causer des maux d'estomac et des spasmes de l'œsophage : la sensation d'avoir une boule dans la gorge.

Le sentiment d'impuissance crée pour sa part un état de flaccidité diastolique : une réduction importante de la pression artérielle. Cela peut d'ailleurs expliquer les décès parmi les personnes qui suivent les rites vaudous et se sentent atteintes d'une malédiction. Cela expliquerait aussi le pincement au cœur en cas de deuil, de rupture ou de trahison sentimentale. En outre, cette chute de tension ralentit la circulation sanguine et cause des irrégularités du rythme cardiaque et des palpitations, avec des symptômes inquiétants comme des picotements au visage et aux doigts, voire même des évanouissements.

À l'inverse, en cas de danger, les poussées d'adrénaline accélèrent le pouls, ce qui augmente la pression sanguine en vue d'une éventuelle réaction de l'organisme, mais peut aussi entraîner une panique paralysante si l'on hésite sur le comportement à adopter.

À titre de comparaison, les organes vitaux qui ne sont pas aussi musclés ne font pas remonter l'information aussi vite. Comprendre ce que nous signalent nos reins ou notre foie prend généralement un certain temps.

Antony David, Londres, Royaume-Uni

? Le monde à l'envers

L'œil forme des images à l'envers, à la manière d'une lentille d'appareil photo, et notre cerveau interprète les données pour remettre ces images à l'endroit. A-t-on des exemples de lésion au cerveau, où le sujet perçoit le monde à l'envers ? Que se passe-t-il alors ? Le cerveau trouve-t-il un autre moyen de compenser et, si oui, lequel ?

Kel, Gladesville, Australie

Il n'y a aucun exemple de lésion cérébrale qui fasse voir le monde à l'envers. La raison en est que ce n'est pas l'image elle-même qui est transmise directement au cerveau, mais une séquence de signaux électriques.

La lentille de l'œil projette effectivement une image renversée sur la rétine. L'image est traduite en une séquence d'impulsions électriques qui parcourent le nerf optique et traversent le corps géniculé latéral, sorte de relais des voies optiques, avant d'atteindre le cortex occipital situé à l'arrière du cerveau.

La raison pour laquelle l'image à l'envers n'est pas redressée, c'est qu'il n'y a pas d'image à redresser. Il n'y a dans le cerveau que des signaux électriques transmis de neurone à neurone et transformés en cours de route. Le cerveau traite ces signaux pour créer une sensation visuelle.

Des expériences montrent que si des images perçues par l'œil sont retournées à l'envers suffisamment longtemps, les signaux sont simplement réinterprétés par le cerveau et les images finissent par être perçues dans le bon sens.

Gregory Szucs, North York, Canada

Le cerveau n'a pas besoin de mécanisme particulier pour compenser le fait que l'image au fond de l'œil est à l'envers. Une fois que la rétine a converti l'image en information neurale, l'agencement physique de cette information est arbitraire.

Les cellules du cerveau qui traitent les données relatives à la moitié supérieure du monde perçu, par exemple, n'attachent aucune importance au fait que les nerfs qui leur transmettent l'information prennent naissance dans la moitié inférieure de la rétine.

Tim McCulloch, Camperdown, Australie

Je me souviens d'avoir construit, quand j'étais enfant, une « chambre noire » avec des cylindres en carton, un petit trou pour objectif, et du papier toilette en guise d'écran. Je plaçais l'instrument contre un œil et fermais l'autre. Ce genre de dispositif inverse l'image du monde, et au début j'étais très désorienté de tout voir à l'envers : je me cognais aux portes et aux meubles. Mais les sensations tactiles nous instruisent beaucoup et j'ai appris à me débrouiller. Au bout d'un moment, mon cerveau avait intégré les nouvelles données et l'image perçue s'est renversée d'elle-même. Le fait de baisser l'instrument pour reprendre une vision « normale » du monde a recréé brièvement la vision à l'envers, avant que je ne me réadapte une nouvelle fois.

Je suppose que la capacité du cerveau à traiter une vision renversée du monde équivaut à celle qu'il déploie devant une image miroir : au début, tenter de positionner correctement un objet dans un miroir est difficile, mais avec un peu de pratique cela devient instinctif.

Simon Iveson, Warabrook, Australie

Berk !

Pourquoi faisons-nous la grimace lorsque nous goûtons à une nourriture trop aigre ou trop amère ?

Laura Offer, Londres, Royaume-Uni

Le corps a recours à des séquences d'actions stéréotypées pour répondre à des stimuli nociceptifs, comme l'acidité ou l'âcreté. Certaines de ces réponses ressemblent aux réactions de défense automatique que l'on oppose à une agression physique et qui sont utilisées dans le monde animal en général, c'est-à-dire qu'elles ont très probablement une origine primitive.

Chez l'être humain, l'exposition à des vapeurs d'ammoniac ou d'acide acétique entraîne comme réponses, entre autres, un mouvement de recul, des yeux qui se ferment, et des bras brandis devant le visage. Une bouchée d'une substance chimique repoussante, trop salée, trop amère ou trop acide, que notre espèce évite instinctivement, comme ses propres excréments, entraîne une autre gamme de réactions qui miment l'action de recracher ou de vomir. Par exemple, les coins de la bouche s'abaissent en une moue de dégoût ; des spasmes se déclenchent comme avant un vomissement ; un flux de salive envahit la bouche pour la dégager et diluer toute substance toxique ; les lèvres s'avancent et se pincent pour empêcher toute ingestion supplémentaire ; les paupières se ferment pour protéger les yeux ; et le corps peut être pris de convulsions, comme pour lutter contre une agression physique.

Des stimulations plus banales, dues par exemple à des aliments piquants comme les cornichons ou la moutarde, provoquent des réactions plus mesurées, comme des grimaces et des frissonnements. Peut-être que l'une des principales raisons pour lesquelles ces réactions diverses ont perduré jusqu'à ce jour, et sont devenues programmées, tient à ce que ce comportement sert à communiquer la notion de danger à ses proches : « Attention ! Toxique ! » Ces signaux se sont mis en place plus récemment que les réactions primitives, et de ce fait varient plus largement d'une espèce à l'autre, mais ils remplissent les mêmes fonctions : mettre en garde contre un danger ou une expérience désagréable, ou indiquer au contraire une expérience plaisante.

Jon Richfield, Somerset West, Afrique du Sud

Question de perspective

En se promenant en voiture l'autre jour, mon fils de 4 ans m'a demandé pourquoi les objets proches se déplacent plus vite que les objets lointains. Que dois-je lui répondre ?

Milton Inverdale, Londres, Royaume-Uni

Merci pour toutes vos réponses, dont la plupart s'adressent à une classe de fac, plutôt qu'à un enfant de 4 ans. En outre, nombre de petits plaisantins ont tenté d'éluder complètement la question. Parmi leurs réponses, on trouve l'incontournable « Demande à ta mère ! », que conseille Tony Turner de Tuross Head (Australie). Quant à Stephen McIntosh de Hull, il répond : « Tu es bien trop intelligent pour un enfant de 4 ans... Mange plutôt ta sucette ! » Plus encourageante est la réponse de Dave Oldham de Northampton, qui concède : « Si tu poses une telle question à 4 ans, je n'aurai pas à attendre longtemps avant que tu me donnes la réponse. » Enfin, félicitations à Peter Gosling de Farnham, qui a étudié la question sous un angle purement grammatical. Son conseil : « Je pense que vous devriez expliquer à votre fils qu'il n'a pas le droit de conduire une voiture à l'âge de 4 ans. »

Quand mon fils avait le même âge, j'ai essayé de lui expliquer le phénomène lors d'un voyage en train. Je lui ai d'abord fait remarquer que les objets distants ont l'air plus petits. Je lui en ai fait la démonstration en lui disant de mettre une main devant le visage et de tendre l'autre à bout de bras : cette dernière semblait plus petite, alors qu'en ramenant les deux mains à la même distance, il pouvait s'assurer qu'elles avaient bien la même taille.

En second lieu, je lui ai montré qu'il faut plus d'objets pour remplir le même espace visuel si on les éloigne. Par exemple, si la main la plus éloignée a une taille apparente moitié moindre que la main la plus proche, il faut deux mains pour remplir le même espace visuel.

Enfin, je l'ai fait réfléchir sur le concept d'un objet en mouvement, par exemple son index traversant lentement la paume de l'autre main. S'il bougeait le doigt à la même vitesse lorsqu'il tenait ses mains à distance, le doigt parcourait la même distance réelle (une largeur de main), mais semblait en apparence parcourir une distance moitié moindre. Son doigt prenait donc deux fois plus de temps pour parcourir la même distance apparente. J'ai alors conclu l'explication en déduisant que les objets distants ne se déplacent pas moins vite en vérité, mais en donnent seulement l'impression.

J'ai également dû expliquer à mon fils pourquoi les maisons et les arbres semblent se déplacer, alors qu'ils sont immobiles, ce dont il était bien conscient. Je lui ai d'abord demandé de tendre une main devant les yeux et de garder cette main fixe, tout en bougeant la tête d'un côté, puis de l'autre. Ainsi pouvait-il constater que sa main traversait son champ de vision de façon analogue. Je lui ai dit que ces déplacements étaient équivalents, et il parut se contenter de cette réponse.

Les autres passagers du train ont dû penser que j'étais un peu bizarre, mais du coup mon fils s'est tu.

Keri Harthoorn, Stoke-on-Trent, Royaume-Uni

Cerveau contre PC

Quelle est la capacité du cerveau humain en termes de gigabits ? Si nous devions construire un ordinateur personnel (PC) avec une puissance de traitement équivalente à celle de notre cerveau, quelles seraient ses spécifications techniques ?

John Gladstone, Southampton, Royaume-Uni

Nous ne pouvons répondre à cette question que si nous faisons l'hypothèse que le cerveau humain est semblable à un ordinateur. Par exemple, si chaque neurone contient 1 bit d'information, alors le cerveau pourrait contenir environ 4 térabits (4 000 gigabits).

Toutefois, chaque neurone peut contenir plus de 1 bit d'information, si l'on considère que celle-ci est logée au niveau des synapses par lesquelles chaque neurone est en contact avec ses voisins. Il y a environ 50 000 synapses par neurone. Vue sous cet angle, la capacité de stockage du cerveau pourrait facilement atteindre des milliers de térabits. Mais ces chiffres sont

sans doute trompeurs, parce que le cerveau humain n'est pas comparable à un ordinateur ordinaire. En premier lieu, il fonctionne en mode parallèle plutôt qu'en mode séquentiel. Deuxièmement, il utilise toutes sortes de mécanismes de compression des données. Et troisièmement, il peut augmenter sa capacité de stockage en générant de nouvelles synapses et même de nouveaux neurones.

Le cerveau est bridé par de nombreux facteurs limitants, mais la capacité de stockage n'en est pas un. Le problème consiste plutôt à y rentrer l'information, et pire encore à l'extraire par la suite. Nous pouvons démontrer que la capacité de stockage n'est pas un facteur limitant en prenant comme exemple la technique utilisée par les joueurs professionnels pour se souvenir de l'ordre des cartes dans un jeu de cartes. Cette technique, appelée « méthode des *loci* » ou « méthode des lieux », est utilisée depuis l'Antiquité. Dans le cas présent, elle consiste à imaginer un parcours dont les cartes à mémoriser occupent les sites successifs.

En voici un exemple : la première carte est un huit de trèfle. Pour la mémoriser, imaginez que vous franchissez le seuil de votre porte et que la première étape de votre parcours consiste à tomber nez à nez avec un individu à genoux en train de déterrer un sablier (qui a la forme d'un 8) d'un parterre de trèfles (indiquant sa couleur). La carte suivante, à la prochaine étape de votre cheminement, est représentée par une nouvelle scène tout aussi imagée.

Ce qui est étonnant dans cette méthode, c'est que l'histoire que vous inventez pour vous souvenir de l'ordre des cartes contient beaucoup plus d'information que le simple jeu de cartes que vous cherchez à mémoriser. Ces images détaillées sont pourtant nécessaires pour implanter l'information dans le cerveau et pour l'en extraire par la suite.

Chris Frith, Welcome Trust Centre for Neuroimaging,
University College de Londres

Quand l'homme prend la pilule

Que se passerait-il si un homme prenait la pilule contraceptive d'une femme, soit une seule fois par accident, soit tous les jours ? Y a-t-il des études publiées sur la question ?

Arnout Jaspers, Leiden, Pays-Bas

Si l'homme ne prenait la pilule qu'une fois, il ne se passerait sans doute rien, sauf peut-être quelques effets secondaires comme la nausée. Pour ce qui est d'un usage régulier, l'effet dépendrait du type de pilule : combinée ou progestative.

La pilule combinée contient des œstrogènes, lesquels sont responsables du développement des caractères sexuels secondaires chez la femme. Ce type de pilule causerait donc chez l'homme des changements anatomiques progressifs, variables d'un individu à l'autre.

Les premiers changements se manifesteraient probablement au bout de deux à trois mois. L'homme verrait ses seins grossir et ses tétons s'élargir. Sa peau deviendrait plus mince et plus douce, avec un changement de teinte – plus rose, avec des veines plus apparentes. Des graisses commenceraient à s'accumuler dans les zones « féminines », notamment au niveau du visage, qui deviendrait plus bouffi, ainsi qu'autour des hanches, des cuisses, des avant-bras et du pubis.

Il faudrait encore de nombreux mois avant que n'apparaissent d'autres changements importants, comme l'amincissement de la taille, avec des hanches et des fesses plus charnues. Les muscles pourraient s'affiner et poils et cheveux pourraient changer de texture, mais la pilule ne saurait à elle seule arrêter la croissance de la pilosité faciale ou freiner au contraire le développement d'une calvitie. Il y aurait également des changements dans le taux de transpiration, tout comme dans l'odeur de la peau, de la sueur et de l'urine, qui perdrait de son âcreté pour devenir plus suave et plus musquée.

La pilule entraînerait également chez l'homme des changements d'ordre émotif, avec une tendance accrue à subir des sautes d'humeur et des coups de déprime. Des études récentes montrent que la thérapie de remplacement d'hormones chez les transsexuels (passant de masculin à féminin) peut entraîner une réduction du volume cérébral vers des proportions plus féminines, sans effet sur le QI. L'ingestion régulière d'œstrogènes augmenterait par ailleurs le risque de coagulation sanguine, une baisse de sensibilité à l'insuline, et des dysfonctionnements au niveau du foie.

En revanche, les hormones présentes dans la pilule progestative ne causent pas le développement de caractères féminins chez l'homme. Certaines études montrent qu'elles agissent comme des anti-androgènes et peuvent sans doute diminuer le taux de testostérone, stimulant la croissance des seins et réduisant celle de la pilosité faciale. Ce type de pilule pourrait également augmenter la température du corps et causer une rétention d'eau.

Je n'ai pas réussi à trouver des rapports cliniques, mais il est certain que des expériences ont été menées, car les pilules contraceptives sont largement utilisées pour accompagner les changements de sexe d'homme à femme.

Joanna Jastrzebska, North Shields, Royaume-Uni

J'ai servi de cobaye, il y a quelques années, pour un test touchant justement à cette question, dans le cadre de recherches portant sur une pilule contraceptive pour hommes. Le test a duré une semaine, au cours de laquelle certains d'entre nous ont pris la pilule traditionnelle, mais à dose quatre fois supérieure que celle prescrite aux femmes, alors que d'autres cobayes ont reçu la même quantité d'hormones, mais par injection. Je faisais partie du second groupe.

Je n'ai pas remarqué de différence notable le premier jour, et j'en déduis qu'un homme qui ne prendrait la pilule qu'une fois n'en serait pas affecté. Le second jour, je me suis senti un peu déprimé et émotif, avec une baisse de libido. Le troisième jour, j'avais les larmes aux yeux.

Je ne sais pas ce qui s'est passé avec mon niveau de testostérone, mais je n'avais plus envie d'aller à ma salle de sport. Plus que de coutume, j'avais envie de chocolat, ainsi que de papoter avec mes copines. Ceci n'est pas une blague. De petites choses, comme des scènes de films, me faisaient pleurer. La situation s'est stabilisée autour du quatrième jour. Le septième jour, j'ai pris ma dernière dose d'hormones, puis les effets se sont estompés au bout d'un ou deux jours. Le docteur chargé de l'expérience m'a assuré qu'il n'y aurait pas d'effets durables.

Tout bien considéré, je pense que j'ai eu un bon aperçu de ce que c'est qu'être une femme. J'imagine que la pilule pourrait fonctionner comme contraceptif chez l'homme car, au-delà de son effet chimique, je n'étais plus intéressé par le sexe, mais je doute que beaucoup d'hommes accepteraient de prendre des hormones féminines et de perdre leur « masculinité ». Ce fut une expérience intéressante, mais que je ne compte pas renouveler.

R. Ross, Aberdeen, Royaume-Uni

? On ne discute pas des goûts…

Des lecteurs nous ont souvent contactés pour nous demander s'il y a une seule chose au monde que Jon Richfield ne sait pas – l'auteur de tant de réponses dans notre collection. Or, il semblerait que oui.

Il y a une question à laquelle mon mari, Jon Richfield, ne m'apporte pas de réponse satisfaisante. Je trouve affreux le goût de certaines épices pourtant assez banales. Ce mauvais goût me paraît à peu près le même pour l'anis, le cumin, le cumin des prés, le fenouil et la coriandre. Je trouve également un goût affreux à l'estragon, la cardamome et les câpres.

Y aurait-il un expert en alimentation qui pourrait me renseigner sur ce qu'elles ont en commun, ou d'où vient mon aversion? Je précise que je ne suis pas difficile quant à la nourriture, en règle générale.

Bess Richfield, Somerset West, Afrique du Sud

La substance que votre lectrice trouve si dégoûtante est probablement un terpénoïde : la carvone. Cette substance chimique véhicule l'arôme principal de la graine de cumin et prise individuellement, elle a le goût typique du cumin.

Toutes les épices que vous avez citées sont membres de la famille des Apiacées (ou Ombellifères), et toutes contiennent cette substance. On trouve aussi de la carvone dans l'estragon, la cardamome et les câpres.

Ralph Hancock, Londres, Royaume-Uni

J'ai un jour entendu dire, mais sans l'avoir moi-même vérifié, qu'il existe un isomérisme de type cis-trans (l'orientation de groupes d'atomes et leur position au sein de molécules) dans les papilles gustatives de certaines personnes, qui se lie à l'une des composantes aromatiques de la feuille de coriandre.

Pour la plupart des gens, le goût est plaisant. En revanche, pour ceux qui ont l'autre version isomérique de la molécule réceptrice dans leurs papilles gustatives, le goût perçu évoque plutôt le savon. Si cette interprétation est correcte, elle s'applique aussi au goût perçu des autres épices comme l'anis et la coriandre.

Karen Nyhus, San Francisco, États-Unis

L'une des explications possibles de cette altération des sensations gustatives, concernant certaines épices, est que votre lectrice souffre d'un léger déficit en zinc. Cela conduirait à de l'hypogueusie ou altération de la perception gustative, généralement pour le pire. Il serait intéressant de tester si des tablettes de sulfate de zinc, prises durant quatre semaines sous le contrôle d'un docteur, feraient une différence.

Tim Healey, Barnsley, Royaume-Uni

Tolérance à l'alcool

La première fois que j'ai descendu deux pintes de bière, lorsque j'étais ado, ça m'a rendu horriblement malade. Aujourd'hui, je peux boire deux pintes de bière sans le moindre souci. Quel est le mécanisme grâce auquel le corps devient tolérant à l'alcool, ou à toute autre drogue d'ailleurs, et lui permet de ressentir de moins en moins ses effets au travers d'un usage régulier ? Après tout, je consomme exactement la même quantité de poison qui me rendait malade il y a trente ans : pourquoi mon corps ne réagit-il pas de la même manière aujourd'hui ?

Rob Howe, Gomersal, Royaume-Uni

L'éthanol contenu dans les boissons alcoolisées est métabolisé presque exclusivement par le foie. Les enzymes du foie qui s'en chargent sont l'alcool déshydrogénase (ADH), la catalase, et un enzyme complexe connu sous le nom de système microsomal d'oxydation de l'éthanol.

La consommation répétée d'alcool a pour effet d'augmenter la quantité de ces enzymes dans le foie et donc d'améliorer sa capacité à métaboliser l'alcool. Cela dit, une telle induction enzymatique n'explique pas entièrement cette plus grande tolérance à l'alcool. Entre également en jeu un processus d'apprentissage du comportement, à travers lequel l'individu apprend à fonctionner sous l'influence de l'alcool.

En dernier lieu, vous êtes vraisemblablement plus lourd que lorsque vous étiez ado. Cela se traduit par un volume sanguin

plus élevé lui aussi, donc même si vos deux pintes de bière contiennent toujours la même quantité d'alcool, celui-ci se retrouve en moindre concentration dans le sang.

Benjamin Hunt, Leicester, Royaume-Uni

Une explication possible pour le développement de cette tolérance découle d'une étude conduite en 2004 à l'université du Texas, où des drosophiles (mouches du vinaigre) furent exposées à de l'alcool benzylique. À mesure que les mouches développaient une tolérance à l'alcool, les chercheurs ont remarqué une activité accrue de leur gène ADH *slow*. Ce gène régule une protéine à la surface des cellules, qui aide à augmenter la signalisation entre les neurones du cerveau. Sous l'effet sédatif de l'alcool, l'activité de ce gène double chez les mouches en question.

La protéine agit à la manière d'un thermostat. Par exemple, si une drogue excite le système nerveux et augmente la signalisation, l'activité du gène décroît, ce qui inhibe l'effet de la drogue. À l'inverse, l'alcool inhibe l'action du système nerveux, et l'activité du gène augmente en conséquence, combattant les effets sédatifs de l'alcool en stimulant la signalisation.

Chez la mouche, l'exposition antérieure à une drogue améliore le fonctionnement futur du gène, le faisant mieux réagir et le rendant plus apte à inhiber les effets de la drogue en question.

Le gène ADH *slow*, présent chez la mouche, est très semblable à la version chez l'homme. En réponse au lecteur, nous pouvons dire que son thermostat génétique se sera sans nul doute amélioré au bout de trente ans de pratique, et qu'il lui faudra ingurgiter plus de pintes pour parvenir au même résultat.

Jeremy Fancher, University City, États-Unis

? Partir en fumée

Combien de décès par an donnent lieu à des funérailles par crémation, et quelle est la quantité d'énergie dépensée dans le processus ? Est-ce que ces chiffres vont augmenter, d'après les projections actuelles ? Et n'y a-t-il pas de meilleures méthodes qui soient plus sobres d'un point de vue écologique ?

Jeremy Dawson, Laurencekirk, Royaume-Uni

Pour disposer des corps, la crémation est la pratique la plus courante dans nombre de religions en Inde, notamment chez les hindous, les bouddhistes, les sikhs et les jaïns. Environ 85 % de la population indienne, qui dépasse 1 milliard d'individus, y ont recours. Au-delà de la péninsule indienne, l'hindouisme est également répandu dans l'île Maurice, en Guyane et dans les îles Fidji.

Dans nombre d'autres religions, comme le taoïsme et le shinto en Chine, au Japon et en Indochine, la crémation est également répandue. D'autre part, la crémation n'est pas seulement une pratique religieuse : elle est largement pratiquée en Amérique et en Europe pour d'autres raisons.

Une estimation basse, pour le nombre de personnes autour du globe qui optent pour la crémation, tourne autour de 1,2 milliard d'individus. En se basant sur une mortalité annuelle de 1,5 %, cela correspond à 18 millions de crémations par an.

Environ 100 kilogrammes de bois sont nécessaires pour alimenter un feu capable de carboniser un être humain, ce qui se traduit par un total de 1,8 million de tonnes de bois. Si l'on pose la valeur énergétique du bois à 17 mégajoules par kilogramme, on en arrive à une consommation totale d'environ 30 millions de gigajoules.

Dans certains cas, on utilise un four électrique à la place du bois. Comme la puissance d'un tel four est de l'ordre de

75 à 100 kilowatts, ce procédé peut carboniser un corps en 30 minutes environ, ce qui correspond à une consommation de 0,13 à 0,18 mégajoule par corps.

Il n'empêche que la plupart des corps, à l'échelle de la planète, sont tout simplement enterrés. Les cercueils consomment du bois, bien évidemment, et en grande quantité dans les sociétés occidentales prospères.

Il y a de nombreux facteurs à prendre en compte, lorsque l'on se penche sur l'impact de ces pratiques funéraires sur l'environnement. Si la crémation consomme du bois et génère de la fumée et du dioxyde de carbone, l'enterrement génère aussi du dioxyde de carbone, du méthane et d'autres substances lors de la décomposition du corps, quoique sur une plus longue période.

En outre, la pratique de l'enterrement occupe du terrain, et dans certaines sociétés ce terrain est sacré et ne peut pas être réutilisé à d'autres fins. Il fut une époque en Chine où les familles réservaient la parcelle la plus fertile de leur champ pour les enterrements, bloquant son usage définitivement.

Hormis la crémation et l'enterrement, on relève des pratiques insolites dans certains pays. Nombre de Tibétains dépècent le corps et l'offrent aux vautours. En Inde et en Iran, les zoroastriens offrent également les corps aux vautours, en les plaçant sur des plateformes circulaires appelées « tours du silence ». Tibétains et zoroastriens estiment que le corps doit jouer un rôle utile après la mort, et l'impact sur l'environnement est nul. La sépulture en mer, pratiquée par les marins, conduit au même résultat, quoique pour des raisons d'ordre pratique.

Certains individus, dans d'autres cultures, cherchent également à se rendre utiles, en faisant don de leur corps à la médecine. À terme, on doit toutefois disposer de leurs restes, ce qui se fait généralement par crémation.

Dileep Paranjpye, Lucknow, Inde

Les chiffres globaux les plus récents, en ce qui concerne la crémation, remontent à 2006 et atteignent un total de 7 838 353. Comme c'est le cas dans de nombreuses statistiques, la Chine est en tête, qui représente 4 millions de crémations par an. Dans certains pays où le terrain est précieux, comme au Japon, la crémation concerne la quasi-totalité de la population, alors qu'aux États-Unis, seul le tiers de la population est concerné. Ces chiffres sont amenés à augmenter, à mesure que la religion catholique s'ouvre à cette pratique.

Il est pratiquement impossible de calculer la quantité d'énergie dépensée dans les crémations à travers le monde, en raison de la variété des techniques et des sources d'énergie utilisées.

Cela étant, la crémation devient difficile à justifier. Elle fait appel à des carburants fossiles, dégage de la chaleur et crée de la pollution. Les vapeurs émises, malgré l'emploi de filtres coûteux et sophistiqués, relâchent des toxines comme le mercure.

Susanne Wiigh-Masak, biologiste suédoise et grande passionnée de jardinage, a inventé un procédé qu'elle appelle « Promessa », où elle utilise de l'azote liquide pour congeler et pulvériser le corps en une poudre qui serait, selon ses dires, un compost parfait.

L'autre alternative, dont Sandy Sullivan fait la promotion, s'appelle la « biocrémation » ou « résomation ». Il s'agit d'une forme de digestion anaérobique accélérée, utilisant des alcalins chauds. Voici deux méthodes qui offrent d'intéressants avantages dans le domaine de l'environnement, mais l'obstacle majeur, bien évidemment, reste la sensibilité du public.

La forme de crémation la plus propre, pour l'environnement, est le bûcher en plein air, à base de bois. Non seulement le bilan carbone est nul, mais la méthode est beaucoup plus satisfaisante d'un point de vue psychologique et spirituel, que l'approche industrielle d'aujourd'hui, sur tapis roulant, pratiquée par les crématoriums modernes. Ce sont d'ailleurs les « funérailles fantaisie » les plus demandées par mes clients.

Rupert Callender, The Green Funeral Company, Royaume-Uni

Eurêka !

Pourquoi, après avoir passé des heures à chercher le nom de quelque chose ou de quelqu'un, la réponse me vient-elle au milieu de la nuit, quand je n'y pense même plus ?

Ben Longstaff, Londres, Royaume-Uni

Il semblerait que quand quelqu'un a ce genre de révélation soudaine (« Ah, j'ai trouvé ! »), la pensée ait emprunté des chemins inconscients qui ont mené à la solution du problème – que ce soit le nom du petit ami de votre cousine ou le mot à cinq lettres que vous cherchiez dans les mots croisés de la veille.

Sans doute la première fois que vous avez essayé de vous souvenir du nom en question, votre pensée s'est engagée dans une mauvaise voie. Cette activation cérébrale mal dirigée aurait alors été plus forte que la bonne activation capable d'apporter la réponse, et masquerait cette dernière, alors que vous la connaissez. C'est seulement lorsque l'activation erronée retombe que celle liée à la réponse s'élève au-dessus de votre seuil de conscience et que cette réponse peut être perçue. Cela peut se passer quand vous ne vous y attendez pas, par exemple juste avant de vous endormir. Vous trouverez des informations complémentaires sur ce sujet dans un article de la revue *Psychonomic Bulletin & Review*, publié en 2003 (vol. 10, p. 830).

Dilza Campos, Rio de Janeiro, Brésil

Le fait que l'esprit n'est pas focalisé sur l'acte de se rappeler un nom ne signifie pas que le cerveau n'est pas au travail sur la question, même durant le sommeil. En fait, en tant que designer, j'ai appris à faire confiance à ce processus inconscient de résolution des problèmes. Souvent, au moment de me coucher, je choisis un problème de design particulièrement ardu, sur un projet en cours, et me mets en tête de le résoudre. Quand je me réveille le lendemain matin, je découvre la plupart du temps que je suis parvenu à une solution.

Nombre de personnes âgées, dont je fais partie, ont la mémoire encombrée et des mécanismes du souvenir moins performants. Ils découvrent que ce n'est pas en s'obstinant à se souvenir d'un nom, mais plutôt en attendant simplement, ou en changeant d'activité ou de pensée, que l'information recherchée refait surface d'elle-même.

Larry Constantine, département de mathématiques et d'ingénierie, université de Madère, Portugal

? Lame de fond

Je viens de voir un avaleur de sabre faire son numéro. Il avalait des sabres apparemment plus longs que la distance de la bouche à l'anus. Il y a un truc, n'est-ce pas ? Sinon, qu'est-ce qui se passe ?

Alan Finnegan, Whitehaven, Royaume-Uni

Plus grand vous êtes, plus long est le sabre que vous pouvez avaler, du moment qu'il ne franchit pas le fond de l'estomac. C'est l'une des choses auxquelles doit s'habituer l'avaleur de sabre : la sensation de la pointe du sabre qui touche le fond de l'estomac… mais juste le contact, sans aller plus loin. Certains avaleurs de sabre mangent une nourriture lourde avant le spectacle pour étirer l'estomac vers le bas et avaler un sabre plus long.

L'autre réaction que doit maîtriser l'avaleur de sabre est le réflexe vomitif lorsqu'il commence à avaler.

Les avaleurs de sabre utilisent de la soie pour nettoyer leur instrument et le débarrasser de toute poussière avant l'ingestion, et de nouveau lorsqu'ils ôtent le sabre pour le nettoyer de tout suc gastrique qui pourrait attaquer l'acier. C'est une question de talent et de sang-froid, avec peu de place pour la triche.

Si vous voulez en savoir plus, y compris comment avaler des tire-bouchons géants qui font monter et descendre le pharynx au cours du mouvement hélicoïdal ; ou bien comment avaler des tubes de néon pour illuminer la cage thoracique de l'intérieur ; ou comment avaler du feu (pour vous entraîner, ayez beaucoup de crème glacée à portée de main), lisez *Mémoires d'un avaleur de sabres* par Dan Mannix, dont la première édition date de 1951, lorsque j'ai acheté mon propre exemplaire. Je n'oublierai jamais la phrase d'ouverture : « Je ne serai sans doute jamais devenu le plus grand cracheur de feu des États-Unis, si Flamo the Great n'avait pas explosé cette nuit-là au Grand Carnaval de Krinko. »

Michael Boddy, Binalong, Australie

Il n'y a pas de combine particulière dans l'art d'avaler un sabre, ou en tout cas pas le genre de combine à laquelle s'attend votre lecteur. L'avaleur de sabre n'avale pas littéralement le sabre, et c'est la clef du processus grâce auquel il parvient à descendre la lame aussi profondément.

Pour devenir membre de l'Association internationale des avaleurs de sabre (SSAI), le candidat doit démontrer sa capacité à « avaler » une lame non rétractable en acier d'une longueur de 38 centimètres et d'une largeur d'au moins 2 centimètres. Avec de tels critères, il n'est pas étonnant que la SSAI ne compte que quelques douzaines de professionnels de par le monde et une poignée d'amateurs. Ce n'est pas non plus une surprise si, malgré ces stricts critères, de nombreuses personnes croient que la lame est truquée, surtout si l'on sait que le record du monde est de 82,5 centimètres pour le plus long sabre avalé.

L'artiste, à force d'entraînement, apprend à vaincre le réflexe de vomissement en relâchant les muscles du sphincter supérieur de l'œsophage, dont la fonction est normalement de fermer l'ouverture de la gorge pour nous empêcher de nous étouffer ou de nous noyer. Afin d'atteindre ce but, il commence généralement par se mettre les doigts dans la gorge, puis poursuit avec des objets de plus en plus longs et de plus en plus volumineux, avant de passer à des exercices réguliers avec un portemanteau en fil de fer, plié avec précaution.

Chose étonnante, dans l'acte d'avaler un sabre, comme dans tant de domaines de la vie courante, la taille de l'individu importe peu. Il est vrai que l'artiste qui a avalé un sabre de 82,5 centimètres mesurait 2,20 mètres, mais c'est la configuration de l'intérieur du bonhomme qui détermine la longueur du sabre qu'il peut avaler. Le facteur critique est l'angle formé par la jonction entre l'œsophage et l'estomac ou « cardia » – l'orifice supérieur de l'estomac.

C'est au niveau du cardia que se situe le sphincter de l'œsophage inférieur. Ce sphincter empêche les sucs gastriques de remonter de l'estomac dans la gorge. Ce qui est critique pour l'artiste, c'est de contrôler cette valve et de la rendre lâche au moment opportun, alors qu'elle devrait plutôt se fermer par réflexe.

On ne sera donc pas étonné de savoir que les avaleurs de sabre peuvent se blesser au cours de leur activité, ce qui donne lieu à une pathologie particulière. Aucun membre de la SSAI n'est mort lors d'un spectacle qui aurait mal tourné, mais l'un d'entre eux au moins a frôlé son cœur avec une lame. Quant aux perforations et lacérations de l'œsophage et du pharynx, elles sont monnaie courante, tout comme le sont les douleurs abdominales. Ces douleurs vont souvent de pair avec une technique spectaculaire appelée « la chute », lorsque le sabre est avalé d'un seul trait, avec le contrôle uniquement des muscles du pharynx.

Le problème de santé le plus souvent encouru par les avaleurs de sabre est le mal de gorge, ou « lame de gorge » pour ainsi dire. Un avaleur de sabre a dû mettre fin à sa carrière parce qu'il avait perdu la capacité de saliver, la salive étant le principal lubrifiant employé pour faciliter le passage de la lame (quoique le beurre puisse lui être substitué).

Bien sûr, précisons que ce genre d'exercice ne doit jamais, au grand jamais, être pratiqué par des amateurs.

Hadrian Jeffs, Norwich, Royaume-Uni

Coup de chaud

Comment se fait-il que lorsque je prends un bain à 39 °C, je me sens totalement zen, alors que lorsque je me trouve à l'air libre à la même température, je stresse complètement ?

Alan Parr, Corwen, Royaume-Uni

Même si votre bain est à 39 °C, l'air de la salle de bains est probablement à bien plus basse température, ce qui permet au corps d'évacuer le surplus de chaleur. Cette perte de chaleur est facilitée par l'évaporation de l'eau du bain. En revanche, lorsque la température de l'air est de 39 °C, la chaleur pénètre dans le corps, plutôt qu'elle ne s'en échappe, et la température corporelle se met à grimper. Comme le corps doit alors évacuer le surplus de chaleur, une sensation de stress signale au cerveau qu'une action doit être prise, comme boire de l'eau fraîche ou chercher un endroit moins chaud.

Keith Lawrence, Staines, Royaume-Uni

Euh…

Pourquoi est-ce qu'on dit « euh… » lorsqu'on cherche ses mots ?

Michael Larcombe, Belper, Royaume-Uni

La question peut être divisée en deux parties : pourquoi est-ce que les gens émettent un son lorsqu'ils hésitent, et pourquoi est-ce qu'ils disent « euh… », au lieu d'autres sons possibles.

Pour répondre à la première question, les linguistes qui analysent l'expression orale notent que les gens prennent la parole dans une conversation lorsqu'ils jugent qu'ils peuvent à leur tour parler, et il y a plusieurs façons de s'accaparer cette prise de parole. L'une de ces opportunités se présente lorsque la personne qui parle termine ce qu'elle a à dire, laissant à une autre le soin de prendre la relève. Ainsi, un silence de la personne qui parle est souvent perçu comme le signal qu'elle a fini son tour.

Si l'on désire garder la parole, on sent donc le besoin de remplir le silence par des sons pour signifier que l'on désire continuer à parler. Si nous établissions à l'avance exactement ce que nous voulons dire dans une conversation, ou si nous apprenions notre texte par cœur, il n'y aurait pas de place pour ces hésitations.

Mais le fait est que nous improvisons dans une conversation, et ce pour de nombreuses raisons, en particulier parce que nous ne pouvons pas prévoir les réactions de notre interlocuteur. Afin de garder la parole durant nos hésitations, nous remplissons nos pauses de sons dénués de sens, un peu comme nous mettons nos manteaux sur les fauteuils de cinéma pour empêcher à d'autres personnes de s'asseoir.

La seconde partie de la question, qui demande pourquoi on utilise les sons « euh » ou « hum », plutôt que « iii » ou « bouh » par exemple, est plus difficile à élucider. Dans le cas de « euh », il s'agit en phonétique traditionnelle d'un son neutre, celui de la voyelle « e » étant produite lorsque la bouche est au repos, à l'inverse de la tension nécessaire pour prononcer un « i ».

Quant au son « hum », il est plus difficile à justifier, à moins qu'il s'agisse d'une variante du même son neutre, avec une consonne qui ferme la bouche pour la tenir prête à articuler un nouveau mot.

Ces sons ne sont pas universels, d'ailleurs. Si dans les

langues latines le son « e » est utilisé, la langue anglaise y ajoute la consonne « r », ce qui donne la syllabe « er ».

William DeFelice, Barcelone, Espagne

En anglais, on utilise « er » pour meubler la conversation parce que c'est le son le plus facile à prononcer pour un anglophone. C'est facile à vérifier dans une langue accentuelle comme l'anglais, où toutes les voyelles non accentuées tendent vers la position de la voyelle centrale.

On appelle position de voyelle centrale celle où le son est prononcé au centre de la bouche (*langue en position médiane, NdT*). Quant au son « um », cela équivaut simplement au son « er » avec la bouche fermée, ce qui peut être démontré de façon empirique.

Les élèves de langue maternelle anglaise ont tendance à continuer à utiliser les sons « um » et « er » dans les langues étrangères qu'ils apprennent, où leur consonance est bizarre pour leurs interlocuteurs. À l'inverse, s'ils utilisent les sons d'hésitation reconnus dans la langue en question, il s'en dégage une impression de maîtrise de la langue parfois plus grande que chez un élève qui prononce mieux les mots, mais qui n'utilise pas de tels sons intermédiaires.

John Gillespie, département des langues modernes,
Glenalmond College, Royaume-Uni

Les sons « um » et « er » dépendent du contexte culturel. Les Chinois qui parlent le mandarin, par exemple, disent souvent *zhe ge*, *zhe ge*, *zhe ge*, « ça, ça, ça ». Les jeunes étrangers qui apprennent le mandarin et veulent être cool ont tôt fait de meubler leur conversation par des *zhe ge*, *zhe ge*, *zhe ge*, tout autant que les Chinois.

Kevin McCready, Wamboin, Australie

À tétons...

Depuis que j'ai donné naissance à mon fils, que je nourris au sein, je me demande pourquoi les hommes ont des tétons.

Dorthe Mindorf, Aalborg, Danemark

De nombreuses théories ont tenté d'expliquer ce phénomène. Peut-être les tétons fournissent-ils à l'homme un repère pour boutonner sa chemise, ou bien s'agit-il d'une ligne de sécurité qui lui indique jusqu'où il peut s'avancer dans l'eau sans se noyer.

Il y a cependant une explication plus plausible. Les embryons humains, mâle et femelle, sont identiques lors des premiers stades de leur développement. Si le fœtus reçoit de son père un chromosome Y, un signal hormonal est émis : les lèvres externes (*labia majora*) fusionnent pour former le scrotum, les gonades se transforment en testicules, et un mâle se développe. Dans le cas contraire, une femelle se développe « par défaut ».

De nombreuses structures chez l'adulte reflètent la symétrie de l'homme et de la femme et leur origine embryonnaire commune. Les hommes ont des tétons, parce que ceux-ci étaient déjà en cours de développement lorsque le signal « passage à l'état mâle » est reçu. Le développement des seins est interrompu dans la plupart des cas – mais pas tous –, sans que les tétons soient pour autant résorbés.

Un autre vecteur de développement partagé tant par les hommes que les femmes est décrit dans l'essai de Stephen Jay Gould : « Mamelons masculins et crête clitoridienne », dans *La Foire aux dinosaures. Réflexions sur l'histoire naturelle* (Seuil, « Points Sciences », 1997). Les hommes ont besoin de nombreux vaisseaux sanguins et terminaisons nerveuses dans leur pénis pour assurer l'érection. Comme le pénis et le clitoris ont la même structure pour origine, les femmes ont le même nombre de vaisseaux et de terminaisons nerveuses rassemblés dans un volume bien plus petit, ce qui donne au clitoris une sensibilité accrue.

Est-ce la preuve irréfutable que Dieu n'est pas un homme ?

Jim Endersby, université de la Nouvelle-Galles du Sud, Australie

Sonné par la musique

À quoi tient le fait que la musique rock à plein volume vous fait bourdonner les oreilles des heures entières après que l'on quitte la discothèque ou la salle de concert ? Est-ce que la musique classique peut avoir le même effet ?

Rebecca Wiseman

… euh, pardon ?

Dave Walters, Ingénieur son, Classic FM

On appelle acouphène ce tintement des oreilles. Dans les circonstances évoquées par le lecteur, il s'accompagne souvent d'une perte d'audition temporaire qui a pour nom « déplacement temporaire du seuil auditif » et qui signale une lésion au niveau des nerfs de l'oreille interne, causée par une exposition à un bruit trop fort.

Le critère principal n'est pas le type de musique que l'on écoute, mais l'énergie sonore perçue. La musique rock, sujette à une amplification électrique, peut générer de hauts niveaux sonores. C'est rarement le cas de la musique classique, à l'exception peut-être de Wagner.

L'exposition répétée à de hauts niveaux sonores peut entraîner des troubles auditifs permanents et irréversibles, et de ce fait le niveau sonore sur le lieu de travail fait l'objet d'une législation spéciale, le niveau d'exposition maximal autorisé étant de 90 dB (A) sur une période de huit heures.

Les dégâts de cette nature affectent l'audition principalement autour d'une fréquence de 4 kilohertz et affichent un profil caractéristique sur un audiogramme.

Cette perte d'audition est insidieuse et peut ne pas se manifester avant un âge avancé, lorsque l'ouïe du sujet se met naturellement à baisser (presbyacousie). À ce stade, l'ouïe peut se détériorer brutalement et il est malheureusement trop tard pour y remédier.

La meilleure solution consiste à ne pas s'exposer à des niveaux sonores trop élevés, mais si c'est le cas, il est recommandé de récupérer totalement (16 heures) avant de s'exposer de nouveau à des niveaux comparables. Vous vous demandez sans doute si les musiciens des groupes de rock souffrent de tels troubles auditifs ? C'est effectivement le cas.

Tom Croskery, Coleraine, Royaume-Uni

? L'alcool mauvais

Certaines personnes m'assurent que différents types d'alcool les mettent dans des humeurs particulières lorsqu'ils sont ivres – forte émotivité, violence, excès de confiance. Y a-t-il une raison scientifique pour laquelle ces différents types d'alcool affectent l'humeur de façon si contrastée ?

Frederick Allen, Oxford, Royaume-Uni

Il n'y a malheureusement pas de preuves directes pour appuyer ces dires, ni d'ailleurs de preuves contradictoires. Que vous buviez du vin, de la bière ou des cocktails, l'alcool consiste toujours en éthanol, lequel affecte plusieurs neurotransmetteurs qui jouent un rôle dans l'humeur. Par exemple, l'alcool inhibe les récepteurs de glutamate, ce qui a pour effet de relaxer les muscles ; il stimule les récepteurs sensibles à l'acide gamma-aminobutyrique (GABA) avec pour effet de réduire l'anxiété ; et il accroît la production de dopamine, une hormone associée au sentiment d'excitation.

Humeur et comportement dépendent aussi du degré d'intoxication, qui peut être quantifié en mesurant le taux d'alcool par unité de volume sanguin, mieux connu sous le nom d'alcoolémie. Celle-ci ne dépend pas seulement de la quantité d'alcool ingéré, mais aussi du sexe de l'individu, de son poids et de son pourcentage de graisse.

Lorsque l'alcoolémie est basse (moins de 0,5 g d'alcool par litre de sang), les effets manifestés sont généralement l'euphorie, la volubilité (haut débit de paroles), et une confiance en soi accrue. Une alcoolémie entre 0,5 g/l et 2 g/l entraîne l'excitation, la perte d'inhibition, puis des sautes d'humeur où peuvent pointer la tristesse, l'impétuosité et la colère. L'étape suivante, pour une alcoolémie supérieure à 2 g/l, conduit à une inertie généralisée et une réponse réduite aux stimuli extérieurs. Si vous continuez à boire, vous vous retrouvez dans le coma (pour une alcoolémie autour de 3,5 g/l), voire à la morgue (au-delà de 5 g/l).

Le contexte dans lequel vous consommez de l'alcool joue également un rôle. Nous avons tendance à boire des alcools particuliers dans des situations particulières. Les bons vins accompagnent les bons repas, par exemple, et vous vaudront une humeur décontractée, alors que des *shots* de vodka consommés à jeun lors d'une fête vous rendront ivre beaucoup plus vite.

Certaines personnes affirment que l'humeur que vous procure l'alcool dépend de votre humeur initiale, et aussi que certains buveurs tendent à choisir le type d'alcool selon leur humeur.

Joanna Jastrzebska, North Shields, Royaume-Uni

? Les larmes aux yeux

Pourquoi, lorsque nous sommes fatigués, les veines des yeux sont-elles plus apparentes ?

Lucy Bennett, par courriel, pas d'adresse postale

Hormis le relâchement de la paupière supérieure, la somnolence ralentit le clignement des yeux, mouvement qui lubrifie en temps normal la conjonctive – membrane muqueuse en contact avec la surface de l'œil – grâce au liquide des canaux lacrymaux. Si la conjonctive s'assèche, une légère inflammation se déclare. L'effet le plus spectaculaire est la rougeur des yeux, conséquence de la dilatation des vaisseaux capillaires du tissu conjonctif, qui sont invisibles en temps normal.

Tout ceci cause une démangeaison au niveau des yeux, et les frotter ne fait qu'aggraver les choses, tout comme le fait l'air sec ou la fumée de cigarette dans une pièce close. Les lentilles de contact deviennent difficiles à supporter à ce stade, et si elles s'assèchent, elles contribuent aux démangeaisons douloureuses de la conjonctive.

On peut essayer de se souvenir de cligner les yeux plus souvent, ou aller se coucher pour profiter d'un sommeil récupérateur, ou bien sortir pour chercher un air plus frais et plus humide, voire profiter de la vapeur d'eau d'une douche chaude (sans ses lentilles).

Quant à recourir à des gouttes pour les yeux, afin de réduire l'inflammation, puis retourner dans la même atmosphère sèche ou enfumée, c'est être aveugle au problème (je ne pouvais pas m'en empêcher !).

Jim Horne, Centre de recherches sur le sommeil,
Loughborough University, Royaume-Uni

La tête qui tourne

Pourquoi les adultes n'aiment-ils pas autant que les enfants avoir le tournis ? Lorsque j'étais enfant, je pensais que les adultes étaient rasoir de ne pas apprécier cette sensation autant que moi, et je m'étais juré de ne jamais m'en lasser. Aujourd'hui que je suis adulte, je ne la supporte plus : elle me donne envie de vomir. Nombre d'adultes sont dans le même cas. Pourquoi en est-il ainsi ? Est-ce qu'il y a quelque chose en nous qui change avec l'âge ?

Ivan V., Mexico, Mexique

Je me souviens encore de la première fois où je suis allée à une fête foraine – et je n'y suis pas retournée depuis. J'avais 15 ans et j'ai vomi après un seul tour de manège. Je n'arrivais pas à comprendre pourquoi mon frère, de trois ans mon cadet, est resté faire un second tour.

Les enfants apprécient de toute évidence la sensation de tournis : il suffit de voir combien les manèges des fêtes foraines et des parcs d'attraction sont pleins à craquer de jeunes. Ils ont besoin de cette stimulation pour développer leur sens de l'équilibre, sens qui leur sert d'abord à marcher à quatre pattes, puis à se tenir debout, et même à rester d'aplomb sur un navire qui tangue.

L'équilibre est régi par trois de nos sens qui collaborent harmonieusement, mais de façon complexe. Le système vestibulaire de l'oreille interne nous indique la position de la tête ; les yeux nous indiquent où se situe le corps par rapport au monde extérieur ; et les propriorécepteurs – des capteurs situés dans les muscles et les articulations –aident à définir comment le corps est positionné dans l'espace, ce qui est particulièrement utile si nous ne voyons rien. Ces différents systèmes se développent chez l'homme à des rythmes différents.

Le système vestibulaire n'est totalement opérationnel chez l'enfant qu'à partir de l'âge de 6 mois environ ; les propriorécepteurs ont besoin de 3 ou 4 ans supplémentaires. Quant au développement de l'appareil oculaire, il n'arrive à maturité qu'à l'âge de 16 ans environ.

Les sensations de tournis et de nausée qui accompagnent un mouvement de rotation sont comparables au mal des transports, lequel résulte d'informations contradictoires que le cerveau reçoit des trois systèmes énumérés.

Lorsque le corps est en rotation rapide, le système vestibulaire et les propriorécepteurs le ressentent, mais les yeux ne parviennent pas à localiser l'horizon. Le cerveau tente désespérément de résoudre ce conflit et, parce que l'homme se fie principalement à ses sensations visuelles, suppose que les autres sens hallucinent, probablement sous le coup d'une intoxication. Le cerveau tente alors de se débarrasser du poison présumé, en déclenchant un réflexe de vomissement.

Il semblerait donc que chez mon frère, les mécanismes d'équilibre n'avaient pas encore atteint leur pleine maturité lorsque nous sommes allés à cette fête foraine, et que son cerveau ne percevait pas les sensations reçues comme étant contradictoires. Il a pu pleinement apprécier ses tours de manège, alors que sa grande sœur, malheureusement, n'en a pas eu l'occasion.

Joanna Jastrzebska, North Shields, Royaume-Uni

? Vin sur vin

Depuis l'âge de 20 ans, j'ai bu en moyenne une bouteille de vin par jour. J'ai aujourd'hui 57 ans. Ma consommation équivaut à 500 millilitres d'alcool pur par semaine. Au Royaume-Uni, la limite raisonnable pour un homme est fixée à 280 millilitres par semaine. J'ai récemment fait une visite médicale à mon hôpital, et je suis en parfaite santé. En particulier, tout ce qui touche au foie est tout à fait normal. Suis-je une exception, ou bien les limites fixées par le gouvernement sont-elles fantaisistes ? Je bois rarement des alcools forts, et je remplace occasionnellement le vin par de la bière. Je joue au foot et au squash, et je marche 6 kilomètres par jour pour me rendre au travail, aller-retour. Je mène une vie normale et, sans doute à cause de ma consommation régulière, je ne me sens jamais ivre, bien qu'on me classerait probablement dans la catégorie des grands buveurs. Je ne veux pas des conseils d'un ministre du gouvernement ou d'un docteur affilié. Je veux un avis objectif. Suis-je simplement chanceux ? Ou bien ma consommation est-elle relativement bénigne ? Où est la vérité ?

David Hunte, Londres, Royaume-Uni

Le lecteur ne se tire sans doute pas aussi facilement d'affaire qu'il le pense. Le foie a une remarquable capacité de fonctionnement et les tests peuvent donner des résultats normaux, même lorsque l'organe est sérieusement touché. Le test des Gamma GT est plus sensible que d'autres tests à base d'enzymes pour détecter toute lésion du foie, mais il n'est souvent pas proposé dans le service médical public du Royaume-Uni en raison de son coût.

Je pense aussi que le lecteur sous-estime sa consommation d'alcool. S'il boit réellement une bouteille de vin par jour, vu le degré d'alcool des vins de table, j'estime qu'il consomme plus de 600 millilitres d'alcool par semaine. En plus de trente ans de carrière comme médecin généraliste, presque tous mes patients qui buvaient plus de 400 millilitres d'alcool par semaine s'étaient détérioré la santé d'une manière ou d'une autre, que ce soit à travers un problème d'addiction, d'hypertension, de foie, d'estomac, ou même de santé mentale.

Cela dit, les conseils du gouvernement concernant la consommation d'alcool sont forcément arbitraires, et il y a une grande variance d'ordre génétique dans la façon dont les gens métabolisent et réagissent à l'alcool.

Anthony Daniel, médecin généraliste, Sevenoaks, Royaume-Uni

Pour faire bref, vous êtes simplement chanceux, tout comme l'est un fumeur encore en vie à 90 ans. Les limites fixées par le gouvernement britannique à 20 ou 30 milligrammes d'alcool par jour pour les femmes, et 30 à 40 milligrammes pour les hommes, sont basées sur des études épidémiologiques. Le mélange complexe de facteurs qui affectent notre santé fait qu'il est impossible de prévoir sans faille comment tel ou tel individu réagira à une consommation d'alcool donnée.

Une bouteille de vin contient environ 100 millilitres d'alcool pur, soit 80 grammes. Il est établi que boire une bouteille par jour augmente le risque d'une cirrhose du foie d'un facteur 18. Vous avez également cinq fois plus de probabilités de développer un cancer de la bouche, et deux à trois fois plus de probabilités de développer un cancer du larynx ou de l'œsophage, de subir une rupture d'anévrisme, ou de souffrir d'hypertension essentielle ou d'une pancréatite chronique.

Il s'agit là de risques relatifs. Ils dépendent de nombre d'autres facteurs, y compris l'héritage génétique de l'individu. Le foie est vulnérable aux excès de graisse, et le risque d'une maladie du foie est donc diminué en poursuivant une vie active et sportive, et en suivant un régime pas trop gras.

Rachel Seabrook, Institut des études sur l'alcool, Saint-Ives, Royaume-Uni

3. Science domestique

Ça déchire !

Il n'est pas facile d'enlever une bande adhésive collée en tirant dessus, mais si vous pratiquez une encoche avec un objet coupant, l'adhésif se déchire facilement. Pourquoi ?

Daniel Albert, musée des Sciences, Royaume-Uni

Lorsqu'un matériau est fendu, les contraintes ont tendance à se focaliser autour de l'extrémité de la fente. Ce principe s'applique aussi au ruban adhésif. Plus la fente est pointue, plus les contraintes se focalisent à l'extrémité. Ainsi, même sous de faibles charges, une fente peut se propager à travers un matériau. Dans les métaux et plastiques, on peut percer des trous autour des extrémités des fentes pour stopper leur propagation car des extrémités élargies sont moins aptes à se propager.

Alex McDowell, South Ruislip, Royaume-Uni

Il s'agit là d'un bel exemple de concentration des contraintes. La fente entraîne une réduction de la surface de cohésion, permettant à la force d'arrachage d'agir le long de cette ligne de discontinuité. Vous noterez qu'un morceau d'adhésif avec un trou percé à la poinçonneuse est plus difficile à arracher qu'un autre avec une fente sur le bord, car le trou distribue la force à la ronde, plutôt qu'il ne la concentre.

Les ingénieurs doivent tenir compte de ces concentrations de contraintes dans leurs travaux. Nombre d'entre eux l'ont appris à leurs dépens. Ainsi, dix-neuf navires cargos de type *Liberty*, construits par les États-Unis durant la Seconde Guerre mondiale pour ravitailler le Royaume-Uni, se sont scindés en deux, les fissures se propageant depuis des coins d'écoutilles carrées. Leur successeur, le cargo *Victory*, a eu recours à des écoutilles et hublots circulaires. Quant à l'avion de ligne De Havilland Comet, il a également souffert d'un problème de concentration des contraintes. En 1954, un appareil s'est brisé en vol, alors qu'il faisait route vers Le Caire. L'origine de la rupture fut localisée au niveau des boulons situés aux coins des hublots carrés. Depuis, les avions de ligne ont des hublots circulaires.

Adam Long, étudiant en design industriel,
université de la Nouvelle-Galles du Sud, Australie

? Interférences automobiles

Lorsque je regarde mon poste de télévision numérique, je subis épisodiquement des interférences durant lesquelles l'image et le son se mettent à « bégayer ». Je me suis récemment rendu compte que ces interférences surviennent chaque fois que des motocyclettes – et en particulier des scooters – passent devant ma maison. Les voitures n'ont pas le même effet. Comment font les scooters pour dérégler mon poste ?

Michael Smith, High Wycombe, Royaume-Uni

Les moteurs à essence font appel à des étincelles générées par un courant électrique, pour mettre feu à un mélange de carburant et d'air. Les voitures modernes utilisent un système d'allumage électrique à semi-conducteurs, raccordé aux bougies par des câbles, ce qui réduit le rayonnement électromagnétique émis par le moteur.

En revanche, de nombreux scooters et motocyclettes, en particulier ceux avec des moteurs à 2 temps, utilisent des systèmes d'allumage par magnéto. Un magnéto est un appareil mécanique simple, mettant en œuvre une bobine et un aimant pour générer sur demande des voltages élevés. Il est relié aux bougies par des câbles métalliques plutôt que par les câbles à haute résistance utilisés dans les voitures, lesquels ne sont pas bien adaptés aux magnétos. Le résultat, c'est que les systèmes à magnéto émettent des rayonnements électromagnétiques à des niveaux bien supérieurs que les systèmes d'allumage électronique.

Les hautes fréquences de ce rayonnement peuvent brouiller les signaux radiodiffusés, au point que les logiciels de correction de votre poste numérique n'arrivent plus à les redresser.

Stewart Haywood, The Colony, États-Unis

Le problème est plus marqué pour la réception de signaux hertziens numériques que pour celles de signaux analogiques. La technologie analogique est bien plus robuste et n'affiche comme interférences que des points blancs sur l'image. La technologie numérique, en revanche, fait appel à un codage sophistiqué du signal. Il en résulte que les interférences dues à l'allumage des moteurs (et d'autres types d'interférences) peuvent perturber le processus de décodage du poste récepteur, entraînant un « bégaiement », voire même le gel de l'image, jusqu'à ce que le décodeur se rétablisse et retrouve la bonne synchronisation.

Parfois, remplacer le câble d'antenne par un modèle à double ou triple écran peut réduire la sensibilité aux interférences d'allumage, et donc les problèmes d'image.

Richard Harris, Malvern, Royaume-Uni

C'est coton !

On peut suspendre certains vêtements 100 % coton sur une corde à linge, sans qu'ils souffrent du moindre pli, alors que d'autres pièces en pur coton affichent des plis tenaces que seuls les fers à vapeur peuvent aplanir. Pourquoi une telle différence ? Est-ce la qualité du coton, ou peut-être l'espèce même de coton, qui est en cause ? Et dans le même registre, certaines serviettes de bain en coton n'arrivent jamais à vous sécher le corps, même après de fréquents lavages, alors que d'autres, qui sont tout aussi inefficaces au départ, font parfaitement l'affaire après un passage dans la machine à laver. Qu'est-ce qui se passe ?

Diana Ball, par courriel, pas d'adresse postale

L'une des explications pour des comportements aussi différents en termes de plis, c'est que la finesse du coton est variable. Le coton fin tend à plisser moins qu'un coton en fibre épaisse. D'autre part, un coton plisse d'autant plus facilement que ses fils sont serrés. Enfin, un vêtement tissé plissera plus qu'un vêtement tricoté.

Le lavage est responsable de la plupart des plis qui affectent un tissu. Lorsque la cellulose, qui est une composante majeure des plantes (coton compris), est mouillée, les liaisons hydrogène responsables de sa forme sont brisées. Si le tissu sèche alors avec des plis, de nouvelles liaisons se forment qui verrouillent ces plis en place. Les plis perdurent, même sous le coup d'un repassage musclé.

Nombre de tissus en coton reçoivent de nos jours un traitement chimique contre les plis. C'est la présence ou non de ce traitement, ainsi que son type et sa qualité, qui font que vous constatez d'importantes différences dans l'aptitude qu'ont les vêtements en coton à conserver leurs plis.

Pour ce qui est des serviettes de bain, celles qui sont faites avec du coton à fibres fines vous sèchent bien mieux que les serviettes en fibres épaisses. En effet, les fibres fines forment un plus grand nombre de conduits capillaires qui évacuent mieux l'eau de la peau.

Autrefois, toutes les serviettes étaient faites en fibres bouclées, ou tissu éponge, des deux côtés de la serviette. Aujourd'hui, on en vend beaucoup qui n'ont des boucles que d'un côté, alors que l'autre ne possède que des fibres coupées. Sur ce côté de la serviette, de telles fibres tendent à se séparer, ce qui réduit leur capacité à attirer l'eau par action capillaire et par conséquent leur capacité à sécher votre peau. Ainsi, bien que le côté coupé de la serviette présente un aspect riche et soyeux, le côté à fibres bouclées procure un bien meilleur séchage.

J. Robert Wagner, Plymouth Meeting, États-Unis

? Bruits de fond

Mon beau-père avait pour habitude d'enregistrer en famille nos conversations à table. Lorsqu'on repasse la cassette, les bruits de fond s'avèrent omniprésents – couverts et vaisselle qui s'entrechoquent et autres claquements de portes. Comment se fait-il que nous éliminions ces bruits par filtrage lorsqu'ils surviennent, mais sommes incapables de le faire lorsque nous écoutons leur enregistrement ?

Gary Yane, Oldenburg, États-Unis

Les microphones sont des instruments objectifs. Ils détectent les variations de pression absolue, ou bien le gradient de pression dans une direction donnée, et les transforment fidèlement en signaux électriques. En revanche, nos oreilles sont raccordées à un cerveau, et leur action combinée est beaucoup plus subjective : ils interprètent notre environnement acoustique, plutôt qu'ils ne l'enregistrent purement et simplement.

Nos oreilles traduisent les sautes de pression, mais parviennent aussi à localiser leur origine. Nous utilisons pour cela les niveaux relatifs des différents sons, leurs phases et leurs temps d'arrivée. De plus, notre tête a un volume qui déforme le champ sonore local, d'une manière qui nous est familière, et cela nous aide à localiser l'origine des sons, notamment lorsque nous bougeons la tête.

Nous ne détectons pas seulement les sons directs, mais aussi leurs échos. L'espace dans lequel nous nous trouvons donne aux sons « couleur » et volume, notamment sous la forme de signaux décalés, venus de réflexions multiples. Cela réduirait fortement l'intelligibilité des sons si le cerveau n'était pas rompu à faire les ajustements nécessaires. Il établit à quel moment les sons lui parviennent, ainsi que de quel endroit, et peut largement les ignorer s'il le souhaite.

Lorsque l'on repasse des sons objectivement enregistrés par un magnétophone, à travers un seul haut-parleur, ou même à l'aide d'un système stéréo, les bruits de couverts et d'assiettes qui devraient nous entourer nous font désormais directement face. Directions et temps d'arrivée dont le cerveau se sert normalement pour filtrer les bruits indésirables sont maintenant incohérents, voire trompeurs.

Chris Woolf, Lisheard, Royaume-Uni

? L'odeur du mouillé

Pourquoi est-ce que les choses mouillées sentent plus fort que les choses sèches ?

Ben Scullion (4 ans ½), Darlington, Royaume-Uni

Mouiller quelque chose ne le rend pas nécessairement plus odorant. Par exemple, une serviette propre et mouillée ne sent pas plus qu'une serviette propre et sèche. Toutefois, l'humidité favorise le développement de bactéries, à partir du moment où elles ont de la matière organique à consommer. À mesure qu'elles se développent et qu'elles se multiplient, les bactéries produisent toute une gamme de composés qui sentent fort, comme c'est le cas d'une mauvaise haleine par exemple. Ainsi, avec de l'humidité et du temps pour favoriser la croissance des bactéries, les choses mouillées peuvent sentir mauvais. Mais si l'on empêche la croissance des bactéries, par exemple en stérilisant l'objet mouillé pour les tuer, alors il ne dégage pas de mauvaises odeurs.

Simon Iveson, département d'ingénierie chimique,
université de Newcastle, Australie

La plupart des substances chimiques qui jouent un rôle dans les mauvaises odeurs sont le produit de l'activité microbienne, et cette activité requiert de l'eau. Une fois que les substances ont été produites, elles peuvent se retrouver dans l'air et atteindre notre nez.

La plupart de ces substances sont des acides gras et des groupes aminés : elles possèdent des groupes d'atomes électriquement chargés qui se lient volontiers avec des molécules non volatiles, comme les grosses protéines et les glucides. Une fois qu'elles se sont accrochées à un tissu sec ou à du cuir, par exemple, elles ne peuvent pas s'en aller flotter dans les airs et il n'y a pas trop d'odeur. Néanmoins, ces groupes atomiques électriquement chargés ont un penchant pour les molécules polaires, et la molécule polaire la plus courante est la molécule d'eau. Ainsi, lorsqu'on mouille un objet, les molécules d'eau les séquestrent dans leurs minuscules gouttelettes. Elles les relâchent quand elles s'évaporent, et les molécules odorantes viennent flatter nos narines.

Par conséquent, une stratégie efficace en matière de déodorants consiste à émettre d'autres molécules qui s'attachent aux coupables, grâce à des groupes atomiques complémentaires, ce qui neutralise leur odeur. La chlorophylle combat les odeurs grâce à un atome métallique qui se lie au groupe actif de nombreuses molécules odorantes. De même, les vapeurs de paraffine partiellement oxydée, émises par la combustion de bougies déodorantes, purgent d'une pièce la mauvaise odeur des cigarettes en se liant à leurs molécules clefs.

Jon Richfield, Somerset West, Afrique du Sud

? Trou du Bic

Quel est le rôle du petit trou au milieu du cylindre d'un stylo à bille, de type Bic ?

Frank Horseman, Derby, Royaume-Uni

Si l'intérieur d'un stylo à bille était complètement étanche, la pression y chuterait à mesure que baisse le niveau d'encre. Le phénomène ralentirait, voire stopperait complètement l'écoulement de l'encre, car celle-ci serait refoulée par la pression atmosphérique plus forte à l'extérieur du stylo.

Chauffer le stylo produirait l'effet inverse. L'encre se mettrait à sortir du réservoir, pour tacher par exemple votre veste favorite. La fonction du trou est de permettre aux pressions de s'égaliser et d'éviter ce genre de problème.

Simon Langley, Ilkley, Royaume-Uni

Sven Taylor, de Riedisheim en France, a pris l'initiative de poser la question directement au fabricant. Voici la réponse qu'il a reçue de l'usine française.

Le trou sert à égaliser la pression à l'intérieur du stylo avec la pression à l'extérieur. Ces trous dans le corps du stylo servent donc principalement à éviter les fuites d'encre. Environ 90 % de tous les stylos sont percés pour empêcher les fuites. Ceux qui ne le sont pas ont un système d'encre totalement clos, fonctionnant par mise sous pression du réservoir.

Société Bic, département de la communication,
Clichy, France

Shampoing... à la ligne

Je viens de lire l'étiquette sur mon shampoing. La liste des ingrédients est délirante. Comment diable peut-on inventer une concoction aussi compliquée, et qu'apportent donc à mes cheveux des produits chimiques comme le diéthylènetriamine de sodium pentaméthylène phosphonique, et l'hydroxyisohexyl 3-cyclohexène carboxaldéhyde ?

Haydn Ford, Hexham, Royaume-Uni

Le diéthylènetriamine de sodium pentaméthylène phosphonique est l'un des chélateurs utilisés dans les shampoings. Son rôle est de se lier aux ions métalliques et ainsi de les désactiver, empêchant toute dégradation du shampoing dont ces ions sont capables. Il se lie également aux ions calcium et magnésium de l'eau calcaire, empêchant le shampoing de se décomposer sous l'effet de celle-ci. Dans certains types de shampoing, les chélateurs servent aussi à neutraliser les ions de cuivre qui peuvent se déposer dans les cheveux lorsqu'on nage dans l'eau chlorée d'une piscine et qui donnent aux cheveux blonds une teinte verdâtre.

Quant à l'hydroxyisohexyl 3-cyclohexène carboxaldéhyde, c'est l'une des substances aromatiques présentes dans un shampoing. Ces substances dégagent un parfum agréable qui donne à l'usager la sensation que ses cheveux ont été nettoyés et rafraîchis.

Comment peut-on inventer de telles formules ? Elles ne sont pas établies au hasard. Dans un shampoing, chaque ingrédient a un rôle à jouer. Les chercheurs ont pour objectif de créer un produit que les clients voudront acheter et continueront à acheter, parce qu'ils pensent qu'il fait du bien à leurs cheveux.

Tom Jackson, Wigton, Royaume-Uni

Vous n'allez peut-être pas me croire, mais la plupart des ingrédients présents dans un shampoing n'ont aucun effet sur vos cheveux. Seules les substances détergentes lavent les cheveux, alors que toutes les autres ont pour but d'améliorer l'apparence, l'odeur, la texture et la durée de vie du produit. Dans la mesure où il n'y a aucune restriction officielle interdisant l'usage d'un ingrédient, le fabricant est libre d'utiliser à peu près tout ce qui lui plaît pour élaborer des produits cosmétiques.

Un shampoing classique contient surtout de l'eau, avec de 5 à 20 % de détergent, les shampoings pour cheveux gras en contenant généralement plus que ceux pour cheveux secs. Le savon le plus souvent utilisé est le laurylsulfate de sodium (SDS), mais comme sa mousse est loin d'être parfaite, on peut lui ajouter du laurethsulfate de sodium, qui est plus moussant, ou bien un synergiste de mousse comme la cocamide DEA ou la bétaïne de cocamidopropyl. La mousse ne joue aucun rôle dans le nettoyage des cheveux, mais elle aide le détergent et les autres éléments actifs à rester au contact des cheveux et du cuir chevelu. Une mousse épaisse renforce également la sensation que le shampoing possède une forte puissance de nettoyage.

On peut ajouter des huiles pour contrebalancer la dessiccation des cheveux causée par le détergent, et par conséquent il faut également des émulsifiants et des stabilisateurs d'émulsion. Les huiles peuvent être naturelles et d'origine végétale, ou bien des polymères artificiels à base de silicone, comme le méthicone ou le diméthicone. Elles servent aussi d'après-shampoing, en assouplissant la cuticule de la tige pilaire.

Sont également présents au moins deux agents conservateurs. L'un doit être soluble dans l'eau pour protéger la fraction aqueuse du shampoing, et l'autre doit être soluble dans l'huile pour conserver les huiles de l'émulsion. La famille des parabènes, le formaldéhyde, le glyoxal et le mélange méthylchloroisothiazolinone/méthylisothiazolinone, figurent parmi les agents conservateurs les plus utilisés dans les shampoings.

Des agents épaississants sont également incorporés pour ajuster la texture et les propriétés d'écoulement du produit ; des colorants procurent la couleur souhaitée ; des absorbeurs d'ultraviolet empêchent les couleurs de pâlir ; les agents opacifiants donnent au shampoing un aspect crémeux ou nacré ; et les parfums naturels ou artificiels lui donnent une odeur agréable. Les shampoings pour cheveux gras ont souvent un parfum d'agrume, à cause du rapprochement que l'on fait entre le jus de citron et sa capacité à dissoudre les graisses.

Les shampoings spécialisés dans le traitement antipelliculaire contiennent couramment du zinc pyrithione, et les shampoings contre les poux et les puces contiennent des insecticides. Les shampoings qui protègent les cheveux teints de l'effet décolorant du chlore (et autres produits à base de chlore) des piscines contiennent des agents légèrement réducteurs, comme le thiosulfate de sodium, le sulfite de sodium et le nitrite de sodium. Une fois que la couleur a commencé à pâlir, toutefois, le shampoing ne peut pas la restaurer.

Enfin, quant à l'hydroxyisohexyl 3-cyclohexène carboxaldéhyde mentionné par le lecteur, il est également connu sous le nom commercial de Lyral. C'est un parfum artificiel, souvent utilisé pour masquer les mauvaises odeurs. Seulement c'est un allergène de contact qui peut causer une sensibilisation ; son usage est donc réglementé dans les pays de l'Union Européenne.

Steve Antczak, coauteur de *Cosmetics Unmasked: Your Family Guide to Safe Cosmetics and Allergy-free Toiletries*
Lymington, Royaume-Uni

Téléphone tire-bouchon

J'ai souvent constaté des défauts, ou nœuds, dans les cordons téléphoniques spiralés. Démêler le cordon demande beaucoup d'efforts, et semble être la seule façon de lui restituer un enroulement spiral uniforme. Comment ces défauts surviennent-ils, et en particulier, comment peuvent-ils se former spontanément quand on manipule tout à fait normalement un téléphone ?

Jan Stumpel, Tokyo, Japon

C'est à l'usine que l'on donne au cordon téléphonique sa forme hélicoïdale. En dépit de sa structure torsadée, il s'agit d'une configuration stable. Lorsque l'usager tourne le combiné dans la direction opposée à celle de la spirale, une partie de cette torsion d'origine est supprimée. Pour autant, cette section de cordon détordue ne devient pas droite, mais se tord plutôt dans l'autre sens. Plus il y a de mouvement rotatif inverse dans la manipulation du combiné, plus la section à spires inversées s'allonge. Là où les deux directions de spires se rencontrent, il y a un court segment de cordon qui matérialise le changement de sens. C'est cette partie recourbée en « crochet » qui dérange l'usager. Si l'on tourne le combiné dans le sens initial des spires, jusqu'à ce que toute la partie enroulée à l'envers se démêle, alors le point d'inflexion en crochet est amené à disparaître.

Graham Waters, Pontypool, Royaume-Uni

Le trait le plus long

Si l'on pouvait tracer un trait ininterrompu avec un crayon de papier, quelle longueur maximale pourrait-il atteindre ?

Sulin Milne

J'ai eu l'esprit titillé par le nombre de paramètres que comporte la question. En tant que chercheur devenu ingénieur (et maintenant à la retraite), j'ai décidé de mener une expérience simple, en réduisant le nombre de paramètres à un niveau acceptable.

J'ai choisi un crayon porte-mine avec une mine de type H d'un diamètre de 0,9 millimètre et j'ai dessiné 100 lignes, de 30 centimètres chacune, sur du papier de bonne qualité. J'ai tenu le crayon incliné à 75 ° par rapport au plan du papier. Après avoir mesuré la réduction de la longueur de la mine, et en tenant compte des pertes lors du coulissage de celle-ci, j'en ai déduit qu'avec une mine de 60 millimètres, on pourrait tracer un trait de 541 mètres.

J'ai également découvert au cours de mes tests que de petits changements au niveau de certains paramètres avaient une grande incidence sur le taux d'usure de la mine.

Peter Peters, Sherborne, Royaume-Uni

Bulles…

En plaçant un verre d'eau minérale plate devant mon écran d'ordinateur, je me suis aperçu que de minuscules bulles se formaient sur le pourtour du verre. D'où vient ce phénomène, et est-ce que l'eau est encore potable ? Et si c'est l'écran d'ordinateur qui en est la cause, que se passe-t-il dans mon propre corps, qui renferme essentiellement des liquides, lorsque je suis assis devant mon ordinateur ?

C. Strange, Lancashire, Royaume-Uni

Le lecteur qui voit des bulles se former dans l'eau minérale, lorsqu'il place son verre devant l'ordinateur, se trompe quant à la cause présumée du phénomène.

J'ai toujours un verre d'eau à portée de main. Quand je laisse mon verre une heure ou deux, sans le toucher ni le boire, de petites bulles se forment à la surface du verre, sous le niveau de l'eau.

J'imagine que dans le cas du lecteur, l'eau minérale a été mise en bouteille sous pression, stockant ainsi plus d'air dissous que si la mise en bouteille s'était faite à pression atmosphérique normale. Les bulles de mon verre viennent, pour ma part, de l'air dissous dans l'eau sous la pression du réseau de distribution. L'eau est tout à fait bonne à boire, y compris ses bulles.

Gordon Thompson, Crewe, Royaume-Uni

L'eau contient de l'air dissous, et plus elle est froide, plus elle peut en contenir. Dans les bocaux à poissons rouges et autres aquariums, cet air permet aux poissons de respirer. Il faut avoir un dispositif pour renouveler l'air de l'eau, sinon les poissons meurent asphyxiés.

Votre verre d'eau minérale était vraisemblablement réfrigéré lorsque vous vous l'êtes versé, ce qui lui a valu de contenir une grande quantité d'air dissous. À mesure que l'eau s'est réchauffée, l'air est sorti de la solution et a formé des bulles sur le pourtour du verre. Peut-être que le fait d'être devant l'écran d'ordinateur a permis au verre de se réchauffer un peu plus rapidement, mais les bulles auraient fini de toute façon par apparaître tôt ou tard.

Stephen Forbes, Leeds, Royaume-Uni

Un bourdon dans le transfo

L'électricité est censée être notre « serviteur silencieux », selon une publicité du siècle dernier. Alors pourquoi les transformateurs émettent-ils un bourdonnement ?

D. J. Priestley, université du Pays de Galles, Royaume-Uni

Le bourdonnement du transformateur est dû à un phénomène appelé magnétostriction. Afin de mieux comprendre ce phénomène, il faut se pencher sur le fonctionnement d'un transformateur.

Un transformateur contient deux bobines de fils électriques, appelés enroulement primaire et enroulement secondaire, qui sont enroulés sur les deux côtés opposés d'un cadre (la « carcasse ») composé de multiples feuilles de fer ou autre matériau ferromagnétique.

Un courant alternatif, circulant dans l'enroulement primaire, génère un champ magnétique alternatif autour de la carcasse métallique, ce qui induit un autre courant dans l'enroulement secondaire. Le rapport entre les voltages des circuits primaire et secondaire est égal au rapport du nombre de tours des enroulements en question. Cela nous permet de convertir les centaines de milliers de volts des lignes à haute tension en un voltage suffisamment bas pour être utilisable sans danger dans nos foyers.

Le fer qui constitue la carcasse raccordant enroulements primaire et secondaire est divisé en domaines microscopiques. Dans chacun de ces domaines, le champ magnétique pointe au hasard dans des directions aléatoires, un peu comme une classe d'école où les élèves courent dans tous les sens.

Mais si la carcasse en fer est placée dans un champ magnétique extérieur, ces domaines tendent à s'aligner et à s'additionner, produisant un puissant champ magnétique qui pointe dans une seule direction, tout comme les élèves focalisent leur attention sur le professeur quand celui-ci les sermonne.

Lorsque les domaines s'alignent, le matériau ferreux change très légèrement de longueur sous le coup de cet alignement. C'est le phénomène de magnétostriction. Comme le champ magnétique alterne de sens au sein du matériau ferreux, celui-ci se dilate et se contracte donc à répétition. Les vibrations résultantes génèrent des ondes sonores, à l'origine du bourdonnement du transformateur.

Aux États-Unis, le voltage du secteur change de sens 60 fois par seconde (60 hertz), ce qui fait que le matériau se dilate et se contracte 120 fois par seconde, générant une note à 120 hertz, plus ses harmoniques. En Europe, où le secteur a une fréquence de 50 hertz, le ronflement est accordé sur 100 hertz, plus harmoniques correspondantes.

Michelangelo D'Agostino, Berkeley, États-Unis

En plus de la magnétostriction, il y a deux autres raisons qui expliquent le bourdonnement d'un transformateur.

La première est son isolation imparfaite. De même que dans l'air humide les lignes à haute tension sont sujettes à des décharges de corona qui émettent un bourdonnement, les pertes d'isolement dans un transformateur peuvent également créer du bruit. Dans la pratique, toutefois, ces pertes d'isolement se font au cœur du transformateur, là où les contraintes dues à la chaleur sont les plus sévères, et aucun bruit audible n'en émerge, jusqu'à ce qu'ait lieu un claquage catastrophique.

La seconde raison a trait aux parties mobiles. Les boîtiers d'alimentation comme ceux au dos de votre ordinateur émettent parfois un bourdonnement. Celui-ci est dû vraisemblablement au câblage électrique qui vibre sous le coup du courant électrique qui le traverse et du champ magnétique du transformateur : leur action combinée est comparable à la force d'un moteur électrique. On pourrait penser qu'au fil du temps le métal se mettrait à fatiguer, mais dans la pratique les transformateurs bourdonnent des années durant.

D'autres éléments peuvent bourdonner dans un transformateur. Par exemple, si les attaches qui en rassemblent les parties ne sont pas solidement fixées, elles peuvent vibrer à l'intérieur du coffret.

David Billin, Carshalton, Royaume-Uni

Il existe désormais des transformateurs silencieux, et ce depuis le début des années 1980. Les premiers modèles étaient lourds et volumineux, mais dans les appareils modernes on utilise désormais des boîtiers d'alimentation « à découpage » (SMPS) qui possèdent des transformateurs bien plus petits. Ceux-ci sont alimentés par un courant alternatif à une fréquence trop élevée pour être audible à l'oreille humaine, et dont les signaux sont rectangulaires plutôt que sinusoïdaux.

La fréquence de départ du courant alternatif (50 ou 60 hertz, c'est-à-dire celle qui fait du bruit dans un transformateur), y est portée à une fréquence plus élevée, généralement au moyen d'un oscillateur. Le courant entre alors dans un ou plusieurs transformateurs qui réduisent son voltage et, grâce à la nature inaudible de cette plus haute fréquence, opèrent silencieusement.

La plus haute fréquence d'inversion du champ magnétique permet d'utiliser de plus petits transformateurs. Ainsi, tout en transformant le bourdonnement audible en un sifflement ultrasonique inaudible, le procédé permet de fabriquer des équipements de plus en plus compacts et de plus en plus légers.

Patrick McTiernan, Swindon, Royaume-Uni

? Descente de lit

Comme une personne se retourne en moyenne une centaine de fois durant une nuit de sommeil, comment se fait-il que l'on ne tombe pas plus souvent du lit ? Est-ce que le cerveau humain possède un système inné qui sonne l'alarme lorsque le corps est dangereusement au bord du gouffre ?

G. Rowlands, Purley, Royaume-Uni

Il y a de cela vingt-cinq ans environ, à l'université d'Édimbourg, Geoffrey Walsh et moi-même nous sommes penchés sur les raisons pour lesquelles les adultes ne tombent pas du lit lorsqu'ils sont endormis. Comme il est impossible de savoir quels mouvements ils effectuent au cours du sommeil, à moins d'utiliser une forme d'enregistrement, nous avons élaboré une expérience simple.

Nous avons mis à la disposition des volontaires un matelas très large dans une chambre chauffée, sans couverture, de façon à ce qu'ils ne puissent pas sentir où ils se trouvaient par rapport au bord du matelas. Nous avons noté la position de leur tête par rapport à quatre états possibles : nez à gauche, nez en l'air, nez à droite, nez en bas. L'appareil de mesure n'était pas très sophistiqué et consistait en un casque de rugby en mousse sur lequel j'avais cousu un tube circulaire en plastique, avec un réservoir en verre, renfermant un peu de mercure. Des aiguilles plantées dans le tube aux emplacements souhaités se trouvaient raccordées à une pile, de telle sorte que la position de la tête générait de petits voltages. Ces voltages étaient consignés toute la nuit durant sur un enregistreur de type encéphalogramme.

Les périodes de veille et de sommeil furent rapportées au moyen d'un petit son émis toutes les dix minutes. Si le volontaire était en éveil et entendait le son, il appuyait sur un bouton attaché à son pyjama. Cela nous permettait de ne pas tenir compte des mouvements en période d'éveil. En période de sommeil, bien sûr, il n'y avait pas de réaction au son.

Les participants se sont retournés à intervalles irréguliers durant leur sommeil, par exemple nez à gauche, nez en l'air, nez à droite, puis les mêmes positions dans l'autre sens. Mais ils n'ont jamais adopté une position nez en bas. Le résultat est qu'ils n'ont pas roulé sur eux-mêmes jusqu'à tomber du lit. Au contraire, ils sont restés approximativement au même emplacement toute la nuit.

À quel âge ce comportement se met-il en place ? Parce que nous ne pouvions pas laisser de jeunes enfants aux prises avec des jouets si tentants sur la tête, je me suis contenté d'observer ma nièce et mon neveu, âgés respectivement de quatre et deux ans, sur une période d'environ six heures durant leur sommeil. Durant la nuit, ils se retournaient nez en bas de temps en temps. Donc il leur était possible de faire plusieurs tours sur eux-mêmes, et ils auraient pu tomber du lit, si les lits pour enfants n'avaient pas de barrières sur le côté.

J'en ai conclu que tôt dans la vie, nous apprenons qu'il est difficile de respirer lorsque nous nous retournons nez en bas, et nous évitons cette position durant le sommeil. Le résultat est que nous ne tombons plus du lit.

John Forrester, Édimbourg, Royaume-Uni

Si vous croyez que réussir à ne pas tomber du lit est un exploit, pensez une seconde aux marins. Dans nombre de navires, ils dorment encore dans des hamacs, et la version militaire utilisée dans la marine est tendue très droit à l'horizontale. Cette tension du hamac ne suffit pas à amortir tous les mouvements du navire, et quiconque n'arrive pas à dormir à plat et complètement immobile devient la proie des éléments. Il vous suffit de respirer de travers pour vous retrouver par terre, et pourtant des millions de marins ont pu dormir profondément dans ces hamacs au fil des siècles.

Antony David, Londres, Royaume-Uni

À charge et à décharge

Comme source d'énergie supplémentaire pour mon appareil photo numérique, j'ai chargé à bloc un jeu de batteries à nickel-hydrure (NiMH) que j'ai transportées dans une boîte de rangement, sans possibilité de contact accidentel. Quand j'en ai eu besoin plus tard, elles étaient complètement à plat. Est-ce que les batteries rechargeables perdent leur charge au fil du temps ? Et si oui, pourquoi et en combien de temps ? Je m'assure désormais de transporter, en plus, un jeu de piles alcalines ordinaires.

Joseph Oldaker, Nuneaton, Royaume-Uni

Les batteries à nickel-hydrure se déchargent d'elles-mêmes rapidement : 30 % de perte par mois. Cela veut dire que tous les deux mois, leur charge diminue de moitié, et qu'au bout d'un an, elles ne tiennent plus qu'environ 1,4 % de leur charge initiale – elles sont pratiquement à plat.

Les batteries au nickel-cadmium sont un peu meilleures, et celles au lithium bien meilleures, avec seulement 2 à 3 % de décharge par mois. En 2005 sont apparues les batteries NiMH à faible décharge. Elles sont vendues déjà chargées et prêtes à l'emploi. Elles coûtent plus cher que les anciennes batteries NiMH, mais peuvent servir dans de nombreux appareils comme les horloges, alors que les batteries ordinaires ne feraient pas l'affaire. Dans d'autres applications, au contraire, il s'avère plus économique d'utiliser de simples piles.

Eric Kvaalen, La Courneuve, France

4. Animaux et plantes

Éléphants sauteurs

Est-ce vrai que les seuls quadrupèdes incapables de sauter sont les éléphants ?

Tad & Lydia Forty (13 et 8 ans), Bath, Royaume-Uni

*Merci à Colin Watters, parmi d'autres, qui nous a signalé cette amusante vidéo sur YouTube d'un éléphant sur un trampoline (*http://www.youtube.com/watch?v=TK27aknWVI4*).*

La question est amusante, mais n'est pas fondée, même si l'on restreint son domaine aux seuls animaux à quatre pattes qui habitent sur la terre ferme.

Les éléphants ne peuvent pas sauter, du moins sur un terrain plat. Cela est vrai même lorsqu'ils sont bébés, jusqu'à preuve du contraire, mais ils sont loin d'être les seuls. Probablement aucune espèce de tortue n'est capable de sauter. Cela vaut aussi pour certains gros crocodiles, caméléons, salamandres et lézards. En fait, même en s'en tenant aux seuls mammifères, l'assertion reste fausse. Les hippopotames n'arrivent probablement pas à sauter, ou en tout cas n'essayent pas, tout comme les taupes et autres animaux fouisseurs, paresseux, loris paresseux et autres grimpeurs spécialisés.

Mais il est vrai qu'aucun chercheur ne s'est penché sérieusement sur la question. Nous ne savons pas exactement pourquoi, en termes de physique et de mécanique anatomique, ces animaux sont incapables de sauter. Nous avons seulement quelques anecdotes sur la question, ainsi qu'une dose

de folklore, comme le mythe éculé selon lequel les éléphants auraient quatre genoux, ce que j'entends encore souvent, alors qu'ils n'ont que deux genoux comme tous les autres mammifères, leur anatomie étant essentiellement la même.

Il n'en demeure pas moins que la question mérite d'être posée. Mais il y a tant d'espèces vivantes sur Terre, qu'en règle générale il est sans doute plus sage de supposer qu'il y a peu de chances qu'une seule espèce isolée soit incapable de faire quelque chose d'apparemment commun.

John R. Hutchinson, maître de conférences en biomécanique et évolution, Royal Veterinary College, Royaume-Uni

Les chevaux de course, qui pèsent une demi-tonne environ, sont parmi les plus grands quadrupèdes capables d'effectuer des sauts impressionnants. Dans les courses hippiques anglaises, l'obstacle le plus haut à franchir, *the Chair*, mesure 1,80 mètre de hauteur (*le record du monde est de 2,47 mètres, NdT*).

Le plus grand animal sauvage que j'ai surpris à faire un saut impressionnant est un éland, au sein d'une horde qui galopait au Kenya. Son saut était assez haut pour franchir le dos d'un autre éland, c'est-à-dire 1,40 mètre environ au-dessus du sol. L'animal pesait sans doute autant qu'un cheval de course.

Les grands éléphants mâles d'Afrique pèsent environ 5 tonnes, et les éléphants d'Asie un peu moins. Après eux, les quadrupèdes les plus lourds sont les hippopotames (environ 3 tonnes) et les rhinocéros, tant le rhinocéros blanc que le rhinocéros indien (environ 2 tonnes). Dire que ces grands animaux ou d'autres peuvent sauter dépend de ce que vous entendez par « sauter ». Un film que j'ai pris d'un rhinocéros blanc au galop, qui courait à 7,50 mètres par seconde, montre qu'à un stade de sa foulée, aucune patte ne touche le sol. Ce n'est pas pour moi un véritable saut, mais aucune définition de « saut », à ma connaissance, ne pourrait l'exclure.

Les grands sauts nécessitent des os solides et des muscles puissants au niveau des pattes. La composante verticale de la force que les pattes impriment au sol, mesurée sur tout le cycle d'une foulée ou d'un saut, doit égaler en moyenne le poids de l'animal. Lors d'un saut conséquent, l'animal quitte le sol pendant une durée plus longue que lors d'une foulée normale, ce qui soumet ses pattes à des forces plus importantes lors du décollage et de l'atterrissage.

La physique nous enseigne que si les gros animaux étaient seulement des versions agrandies des animaux plus petits, leur poids serait proportionnel au cube de leur dimension linéaire. La section transversale des os et des muscles, en revanche, est une surface et serait proportionnelle seulement au carré de la dimension linéaire. Un animal deux fois plus grand qu'un autre serait huit fois plus lourd, mais ses pattes ne seraient que quatre fois plus fortes, et donc d'autant moins aptes à assurer un saut.

Toutefois, lorsqu'elles sont de taille différente, même les espèces apparentées ne sont pas des versions simplement réduites ou agrandies d'un même modèle. Un éland de 500 kilogrammes, par exemple, a des pattes proportionnellement plus épaisses et plus droites qu'une antilope dik-dik de 5 kilogrammes. Mais la différence n'est pas suffisante pour éliminer le désavantage qui frappe les gros animaux.

Hormis la taille, il se peut que l'anatomie ou la physiologie d'un quadrupède ne soit pas adaptée au saut. Certains lézards du désert, qui s'enfouissent dans le sable, ont des pattes très courtes ; les tortues ont des muscles à action très lente ; et les taupes ont des membres conçus pour creuser. Je n'ai jamais vu aucun de ces quadrupèdes sauter, et je ne m'attends guère à ce qu'ils le fassent.

R. McNeill Alexander, professeur émérite de zoologie, université de Leeds, Royaume-Uni

Les éléphants ne sont pas les seuls quadrupèdes qui ne peuvent pas sauter. Il y avait des dinosaures quadrupèdes qui ne pouvaient pas sauter, y compris l'apatosaurus et le diplodocus.

Edward Rivers (7 ans), Angmering, Royaume-Uni

Les animaux très massifs, comme les rhinocéros et les hippopotames, ne sauraient sauter et atterrir sans se blesser. Quant aux souris, lancées à pleine vitesse, elles rebondiraient en touchant le sol. Les éléphants, quant à eux, se briseraient les os ou bien, comme le veut un mythe tenace, s'écraseraient à plat ventre.

Cela étant, ne criez pas victoire si, pourchassé par un gros animal, vous sautez au-dessus d'un fossé. Si l'animal tente le saut et se blesse, cela compte tout de même comme un saut. Et alors vous n'êtes pas sorti d'affaire, car – eh oui ! – les éléphants d'Inde peuvent sauter. J. H. Williams relate dans son livre *Elephant Bill* comment une femelle en pleine charge a sauté un fossé avec brio, mais s'est mise à boiter peu après, les membres antérieurs touchés.

Jon Richfield, Somerset West, Afrique du Sud

? Mais que boivent donc les baleines ?

Dans l'un de vos livres précédents, vous expliquez comment boivent les poissons. Mais qu'en est-il des mammifères marins comme les dauphins et les baleines ? Leur arrive-t-il d'avoir soif ? Et si oui, comment boivent-ils ?

Daniel Gough, Glasgow, Écosse

Les dauphins et les baleines ne boivent pas. Tout comme les êtres humains, les mammifères marins ne peuvent pas boire de l'eau salée. Ils auraient en effet besoin de boire plus d'eau douce que la quantité d'eau salée ingurgitée afin d'en rejeter tout le sel.

La majeure partie de leur approvisionnement en eau provient des poissons et calmars qu'ils consomment, qui peuvent contenir jusqu'à 80 % d'eau en poids. Ils peuvent aussi obtenir de l'eau en métabolisant de la graisse. De façon à réduire leurs pertes en eau, ils ont une structure interne similaire à celle des mammifères du désert, y compris une longue boucle de Henle dans les néphrons du rein.

Outre ces adaptations d'ordre interne, les glandes sudoripares ont disparu chez les mammifères marins, ce qui leur évite de perdre de l'eau par sudation. En échange, ils utilisent leur environnement pour se refroidir.

Matthew Tranter, Newcastle-under-Lyme, Royaume-Uni

Les mammifères marins sont certainement moins affectés par la soif que les mammifères terrestres : entre autres, ils n'ont pas besoin de suer. Ils n'avalent pas plus d'eau salée qu'ils ne le peuvent éviter. À la différence des oiseaux marins et des tortues, ils n'ont en effet pas de glandes spéciales pour sécréter le sel, de sorte que toute dose de sel ingérée est pénalisante.

Cela dit, les baleines se nourrissent d'autres animaux, et les siréniens (comme les lamantins et les dugongs) mangent des plantes. Dans de tels aliments, le sel est jusqu'à cinq fois moins concentré, parce que ces êtres vivants ont dépensé de l'énergie pour le rejeter.

On peut dire que les mammifères marins dépendent de leur nourriture pour dessaler leur eau. Même d'autres mammifères leur servant de proie contribuent à ce processus car eux aussi mangent des organismes à faible teneur en sel.

Il est intéressant de noter que dauphins et baleines, parce qu'ils sont incapables de suer ou d'accroître substantiellement leur consommation d'eau lorsqu'ils ont soif, sont vulnérables aux changements de leur environnement, notamment aux hausses de température. En particulier, nombre d'espèces de baleines éprouvent de grandes difficultés à franchir l'équateur, alors qu'elles peuvent se rapprocher autant des pôles que leur source de nourriture leur permet.

Jon Richfield, Somerset West, Afrique du Sud

? Pie sur deux

On me délivre deux bouteilles de lait par jour sur mon pas-de-porte. L'une, fermée par une capsule en aluminium de couleur unie, contient du lait entier alors que l'autre, fermée par une capsule en aluminium barré de bandes rouges, contient du lait demi-écrémé. J'ai observé au fil des ans que les pies du voisinage essayent souvent d'ouvrir d'un coup de bec la capsule bariolée, mais n'essayent presque jamais d'attaquer celle qui est monochrome. Est-ce que d'autres lecteurs ont noté cette forme de discernement chez les pies ou chez d'autres oiseaux, et en a-t-on une explication scientifique ?

Barry Chambers, université de Sheffield, Royaume-Uni

Il y a deux explications possibles. Soit les pies dans votre jardin montrent par là une certaine aversion aux bouteilles à capsule argentée. Les oiseaux ont souvent une aversion innée envers des aliments d'une couleur particulière, mais ces couleurs sont généralement associées aux insectes toxiques, comme les bandes jaunes et noires des guêpes ou les taches rouges et noires des coccinelles.

Soit, théorie que je préfère, les oiseaux savent plutôt ce qui est bon pour eux ! Les insectivores comme les pies ont besoin d'un régime riche en protéines, et de doses moins élevées de sucres lents et de matières grasses. Tout comme chez les hommes, un régime trop riche en matières grasses peut infliger aux pies des taux trop élevés de cholestérol, avec tous les problèmes de santé qui en découlent. Les oiseaux savent bien juger le contenu nutritif et toxique de ce qu'ils mangent, et en choisissant le lait demi-écrémé par rapport au lait entier, ils profitent de son apport en protéines, tout en évitant les problèmes associés aux matières grasses.

Et si les pies pouvaient nous donner quelques conseils sur les bonnes pratiques alimentaires ?

John Skelhorn, Institut de neurosciences, université de Newcastle, Royaume-Uni

Quand j'étais jeune, nous recevions des bouteilles de lait ordinaire, marquées d'une capsule rouge, et le lait crémeux de Guernesey, à capsule argentée. Les mésanges attaquaient toujours les bouteilles de Guernesey au lait plus crémeux. Au bout d'un ou deux ans, le fournisseur a changé les capsules. Les couleurs sont passées à argent pour le lait ordinaire et à or pour le lait crémeux. Les oiseaux n'ont pas pris plus de deux semaines pour apprendre les nouvelles couleurs.

Soit vos pies sont stupides, soit elles succombent à la mode, si différence il y a.

Alan Calverd, Bishop's Startford, Royaume-Uni

Les tomates se rebiffent

Chaque fois que je cueille des tomates au jardin, j'ai les mains recouvertes d'une substance invisible, à l'odeur âcre. Elle semble provenir des branches et des feuilles des plants de tomate. Lorsque je me lave les mains avec du savon, la substance prend une vive couleur jaune vert – presque fluo – et tache mon savon, ma serviette et même mon évier. Mais si je n'utilise pas de savon pour m'en débarrasser, elle demeure invisible. De quoi s'agit-il ?

Alex Saragosa, Terranuova, Italie

Dans la famille des solanacées (plantes qui incluent la tomate, le tabac, la pomme de terre et les poivrons), les feuilles

possèdent de tout petits poils en surface, qui sécrètent des gouttelettes d'une substance collante.

La fonction de cette substance collante n'est pas bien comprise, mais peut-être sert-elle à repousser les attaques des pucerons et autres insectes suceurs de sève. Les flavonoïdes qu'elle contient, ainsi peut-être que d'autres pigments, réagissent avec le savon qui est alcalin, et changent de couleur en conséquence.

David Whitehead, Cape Town, Afrique du Sud

Je me souviens de l'impression que m'a faite, il y a des années de cela, la vive couleur verte qui se formait lorsque je me lavais les mains après avoir aidé mon père à cueillir ses tomates. Plus tard, devenu étudiant en botanique, j'ai examiné l'épiderme de la feuille de tomate au stéréomicroscope, avec d'intéressants résultats.

L'épiderme de la feuille de tomate comporte deux types de poils multicellulaires, certains longs de plusieurs millimètres et visibles à l'œil nu, d'autres beaucoup plus courts, chapeautés de quatre sacs glandulaires en forme de saucisse. Ces derniers renferment une substance de couleur kaki et ont des parois cellulaires très fines et très fragiles. En piquant l'un de ces sacs avec une épingle, je pouvais libérer le contenu collant sous la forme d'un long fil qui se rigidifiait en environ 2 secondes, laissant un dépôt sur l'aiguille.

Plus tard, je suis tombé sur des photos montrant une mite avec au bout des pattes quelque chose qui me faisait penser à des bottes de béton. Elles étaient constituées apparemment d'une accumulation de sécrétions ayant pour origine un plant de tomate sur lequel elle s'était promenée. Le dépôt plâtrait les pattes de la mite, au point qu'elle ne pouvait plus s'en servir pour s'accrocher aux feuilles, ce qui constituait pour la tomate un mécanisme d'autodéfense contre les mites et autres insectes herbivores.

Un contact occasionnel avec une feuille de tomate ne libère qu'une petite partie de la substance. Celle-ci est réservée pour les insectes qui frôlent les poils dans leur déplacement, et pour ceux qui saisissent la feuille avec suffisamment de vigueur pour en plier les poils longs.

Le dépôt est trop petit pour que sa couleur apparaisse sur la peau de la main d'un jardinier, mais on peut le reconnaître à l'odeur, et j'imagine aussi au toucher.

Jim Kent, Minehead, Royaume-Uni

? Coin coin

Je me trouvais à observer une canne et ses huit canetons qui marchaient à la queue leu leu à travers le gazon. Soudain, deux autres canetons ont rejoint la file. La canne a immédiatement repéré les deux étrangers et les a expulsés du groupe. Ils nous semblaient pourtant identiques aux autres, donc comment la maman a-t-elle réalisé cet exploit ? Est-ce parce que les animaux sont sensibles aux différences visuelles entre membres de la même espèce ? Ou bien est-ce que la canne se fondait aussi sur des informations non visuelles et si oui, lesquelles ?

Byung O Ho, San Jose, États-Unis

Cette chasse aux jeunes qui ne sont pas de la bonne descendance s'appelle « discrimination de parentèle », et elle est considérée moins efficace chez les oiseaux que chez d'autres animaux. Toutefois, les eiders (*grands canards migrateurs, NdT*) sont réputés pour pratiquer une discrimination contre les canards qui n'appartiennent pas à leur groupe familial. La foulque est également connue pour faire la même chose, mais ni l'une, ni l'autre de ces espèces ne semble utiliser l'apparence physique comme critère pour reconnaître les siens.

Chez les canards, le son semble être la principale méthode de reconnaissance : il est possible d'attirer les cannes vers le mauvais nid où un magnétophone remplace le cri des canetons.

La faculté de reconnaître leur propre progéniture permet aux oiseaux vivant en colonies d'économiser l'énergie qui serait autrement gâchée à élever les oisillons d'un autre. À l'inverse, les oisillons exercent une reconnaissance équivalente quand ils mendient leur nourriture, ce qui leur évite d'être agressés par un adulte. La sélection naturelle favorise les individus qui savent à qui ils s'adressent.

On a longtemps pensé que les oiseaux aquatiques étaient incapables de suivre leur progéniture. Ils sont connus pour égarer leurs oisillons, repris par d'autres parents, et pour accepter par erreur des oisillons qui ne leur appartiennent pas. Cela a été mis sur le compte du fait que ces oiseaux n'ont pas à proprement parler de cellule familiale.

L'attitude des canards envers leurs canetons est tout de même différente. Les parents favorisent parfois leur progéniture par rapport à d'autres canetons, comme la canne en question, ou ils peuvent au contraire tolérer ou encourager la mixité. Ceux-là pratiquent ce qu'on appelle la garde alloparentale, une forme d'adoption. C'est le cas lorsqu'un canard, en acceptant des canetons étrangers, accroît les chances de survie de sa propre progéniture. Ses canetons sont effectivement gagnants puisque la probabilité que l'un d'entre eux soit tué par un prédateur est plus faible s'il fait partie d'un groupe plus large. Cette stratégie est améliorée si les canetons étrangers sont repoussés en périphérie du groupe, loin des parents. On a vu ce comportement chez la bernache du Canada, où les oisons adoptés traînent plus loin derrière leurs parents adoptifs que les descendants biologiques, et sont donc moins aptes à survivre.

Jo Burgess, département des sciences biologiques, Rhodes University, Afrique du Sud

Danse avec les vers

Assis dans un square, j'ai remarqué un goéland qui faisait un excellent numéro de claquettes irlandaises. Il marquait des pauses pour scruter l'herbe sous ses pattes, avant de reprendre de plus belle. Ce jeu de claquettes a duré un bon quart d'heure. J'imagine qu'à travers cette danse rythmique, le goéland tentait de faire remonter les vers à la surface. Si c'est bien le cas, comment fonctionne cette technique ?

Danny Hunter, Dublin, Irlande

Oui, à l'instar de nombreuses espèces d'oiseaux, certains goélands ont appris une technique pour faire remonter les vers. Les vers restent sous la surface du sol durant la journée, sauf s'ils sont inondés par des infiltrations d'eau ou s'ils ressentent des vibrations qui leur signalent l'approche d'une taupe. Il suffit de planter une fourchette dans un sol riche en vers pour les voir pointer en surface, fuyant le petit rongeur supposé.

Selon l'espèce, les oiseaux ont différentes techniques. Le vanneau forgeron, plutôt que de chasser les vers, débusque les sauterelles, les chenilles et les papillons de nuit en tendant en avant sa patte qu'il fait vibrer dans l'herbe rase.

Les goélands avertis, pour leur part, frappent le sol pour débusquer les vers. De même, j'ai vu des grives sautiller, pattes tendues. Une fois, j'ai même surpris un rufipenne morio (*passereau à ailes rouges, NdT*) en train de regarder attentivement la technique d'un merle olivâtre, puis l'essayer à son tour. Il a bien réussi à attraper un ver ou deux, mais sa technique était imparfaite, avec de longs sauts plutôt que des coups saccadés, et il a vite laissé tomber. À moins qu'il n'ait pas trouvé les vers à son goût.

Antony David, Londres, Royaume-Uni

Le goéland essayait effectivement d'attirer les vers à la surface du sol. Depuis le sous-sol, le rythme saccadé de ses pattes ressemble au battement de la pluie.

Les vers aiment bien faire surface quand il pleut, parce que cela leur permet de se déplacer à l'extérieur sans s'assécher – ce qui leur est impossible par temps sec. En les attirant dehors par cette feinte, les goélands s'assurent un repas facile. Les goélands ont peut-être appris cette astuce en imitant leurs congénères, ou bien ce comportement est-il inné.

Laura Still, Devon, Royaume-Uni

Le nez de la baleine

L'évolution m'a toujours fasciné, et bien que j'arrive souvent à comprendre pourquoi et comment certaines caractéristiques sont apparues chez certaines espèces, les baleines et les dauphins m'interpellent. Comment ont évolué leurs évents, quand on sait que leurs ancêtres étaient des mammifères terrestres ?

Joe Bilsborough, Tarbock, Royaume-Uni

Comme c'est le cas pour de nombreux vertébrés qui nagent et respirent de l'air, comme les grenouilles, crocodiles, hydrochères ou autres hippopotames, les narines sont placées en position haute chez la baleine pour assurer la respiration en soulevant le moins possible la tête ou le museau. Ces narines ont également des valves de sécurité pour empêcher le reflux de l'eau.

Toutefois, la plupart des animaux ci-dessus énumérés ont une vie tournée vers le monde extérieur : ils quittent périodiquement leur environnement aquatique pour s'activer sur la terre ferme, ou bien ils flottent avec les narines et les yeux au-dessus du niveau de l'eau, attentifs aux menaces et en quête de nourriture.

En revanche, les ancêtres terrestres des ichtyosaures, des cétacés et des siréniens (lamantins et dugongs) ont évolué en créatures dont l'attention était tournée vers le monde subaquatique. Leurs yeux et leurs oreilles n'ont pas migré vers le haut ; seules les narines ont rétréci et migré vers le dessus de la tête, car bien que proies et prédateurs ne surviennent plus au-dessus d'eux, c'est toujours là qu'ils devaient puiser l'air dont ils avaient besoin. Cette migration des narines est encore incomplète chez les siréniens, donc revenez consulter cette rubrique dans une dizaine de millions d'années.

Antony David, Londres, Royaume-Uni

Chez les cétacés, l'emplacement des évents offre un avantage évident, mais ce qui est moins clair, ce sont les facteurs qui ont lancé cette migration des narines du nez vers le sommet de la tête. La sélection naturelle ne paraît pas avoir joué un grand rôle jusqu'au jour où les ancêtres lointains des baleines ont quitté la terre ferme de façon définitive pour adopter un mode de vie marin.

Le plus ancien précurseur des cétacés, identifié à ce jour, est le *Pakicetus* qui vivait au début de l'éocène, il y a 53 millions d'années. Il ressemblait à une hyène, avec des sabots et un style de vie résolument terrestre : ses narines étaient situées tout au bout de son long museau. Ce n'est pas avant la toute fin de l'éocène, environ 20 millions d'années plus tard, que la première baleine « véritable » fait son apparition dans le registre fossile. Baptisée *Basilosaurus*, elle possède des narines qui ont migré le long du museau jusqu'à un point juste en deçà des yeux. *Basilosaurus* a des narines qui ont non seulement reculé par rapport à ses ancêtres, mais qui convergent vers un point au sommet du crâne, ce qui se rapproche clairement de leur disposition moderne. Parce que *Basilosaurus* était un animal entièrement aquatique, il est clair que les avantages fournis par une telle disposition constituaient la force motrice derrière cet aspect de l'évolution.

Vers le milieu du miocène, il y a 15 millions d'années, les premières baleines modernes et les dauphins primitifs possédaient tous des évents exactement là où on les trouve sur les espèces actuelles, quoique l'évolution ne semble pas avoir atteint chez les baleines, même aujourd'hui, une forme d'évent définitive. Les baleines à fanons, comme la baleine à bosse et la baleine bleue, ont deux évents, alors que les baleines à dents, comme le cachalot, n'en ont qu'un seul.

Pour ce qui est des prédécesseurs reptiliens des cétacés, dans cette niche écologique particulière, le mystère règne encore. Les ichtyosaures, qui ressemblaient à des dauphins, étaient particulièrement bien adaptés à un mode de vie marin, comme le suggère leur surnom de « lézard-poisson ». Ils ont existé 140 millions d'années durant, soit près de trois fois plus longtemps que le temps mis par les dauphins et les baleines pour évoluer de leurs ancêtres terrestres.

Pourtant, même les plus grandes espèces d'ichtyosaures ont deux narines de type conventionnel placées juste en avant des yeux, de façon très similaire à *Basilosaurus*, alors que cette configuration leur demande de soulever une grande partie de leur tête hors de l'eau pour respirer, ce qui les exposait aux attaques des prédateurs.

Donc la vraie question n'est peut-être pas pourquoi les dauphins et les baleines ont développé, grâce à l'évolution, cette disposition très avantageuse de leur système respiratoire, mais pourquoi leurs prédécesseurs reptiliens, et d'autres mammifères comme le lamantin, n'en ont pas fait de même.

Hadrian Jeffs, Norwich, Royaume-Uni

? Chants d'oiseaux

L'une de nos stations de radio en Nouvelle-Zélande diffuse chaque matin des chants d'oiseaux. Il est clair que les oiseaux de mer ont un cri beaucoup plus strident et discordant que ceux des oiseaux terrestres, beaucoup plus mélodieux. En fait, j'arrive généralement à deviner le type d'habitat d'un oiseau d'après son chant. Pourquoi y a-t-il une telle différence, et est-ce le cas dans d'autres régions du monde ?

John Finlayson, Maungaturoto, Nouvelle-Zélande

Les chants d'oiseaux varient en effet selon le type d'habitat, car l'habitat a une influence importante sur la façon dont ces sons se transmettent sur de longues distances. L'hypothèse de l'adaptation acoustique stipule qu'afin de minimiser une dégradation trop importante du son dû à l'environnement, les oiseaux vivant dans de denses forêts auront recours à des chants plutôt lents et basés sur la tonalité, alors que les oiseaux vivant dans des habitats plus ouverts auront des chants plus bavards, au rythme plus rapide.

L'effet s'accentue lorsque l'on compare des habitats contrastés, par exemple très ouverts et très fermés. D'autres facteurs peuvent aussi jouer un rôle, par exemple lorsque les espèces luttent entre elles pour la maîtrise de l'espace acoustique, ou lorsque plusieurs espèces apparentées doivent se distinguer les unes des autres.

Daniel T. Blumstein, département d'écologie et de biologie évolutive, université de Californie, États-Unis

Le problème est plus complexe qu'il n'y paraît à première vue. Le maquis d'Afrique du Sud abrite des corvidés qui croassent, des pies-grièches au chant mélodieux, des perroquets au cri perçant, des francolins au cri rauque, des tisserins au chant crépitant, et des bergeronnettes qui gazouillent.

Les chants d'oiseaux semblent adaptés à la distance, au bruit ambiant, aux obstacles, à l'habitude et à la concurrence. Les chanteurs les plus sophistiqués habitent le maquis ouvert, où

leur chant peut transmettre des informations complexes sur de longues distances. Dans un maquis plus dense, seules des notes graves et retentissantes, comme celles du bucorve d'Abyssinie, portent sur de longues distances. Les passereaux du genre *Zosterops*, qui cherchent leur nourriture dans un dense feuillage, pépient pour rester groupés dans un petit rayon.

Même les croassements et cris apparemment grossiers des oiseaux de mer varient en termes de portée et de complexité, selon leurs habitats et les circonstances. Lorsqu'ils doivent communiquer sur de longues distances et surmonter le bruit des vagues, ils ont tendance à pousser des cris stridents, alors que dans des circonstances plus intimes, leur communication se fait plus discrète.

Quoique les détails varient, on a donc affaire à des principes fondamentaux de l'encodage et de la diffusion des informations sonores.

Jon Richfield, Somerset West, Afrique du Sud

Debout sur une patte

Pourquoi est-ce que certains oiseaux se tiennent debout sur une patte ?

Alexander Middleton, Moorooka, Australie

Merci à tous ceux qui ont proposé comme réponse : « S'ils levaient l'autre patte, ils tomberaient. » Les bonnes blagues ne se démodent jamais.

On dit souvent que si les flamants roses se tiennent debout sur une patte, c'est pour que les canards les heurtent moins souvent ! En vérité, la solution la plus probable touche à la notion de conservation d'énergie. Par temps froid, les oiseaux peuvent perdre beaucoup de chaleur à travers leurs pattes, parce que les vaisseaux sanguins y sont à fleur de peau. Afin de combattre cet effet, de nombreuses espèces ont un système de vaisseaux sanguins entrelacés, où le sang qui descend vient réchauffer le sang refroidi qui remonte des pattes. Une autre stratégie pour réduire la perte de calories est de garder une patte blottie sous les plumes, contre la chaleur du corps.

J'imagine que le contraire est vrai dans les pays chauds : le sang dans les pattes se réchauffe plus vite, de sorte que garder une patte près du corps réduit l'effet et aide l'oiseau à maintenir une température stable.

Un autre facteur qui affecte les oiseaux à longues pattes est qu'ils doivent dépenser une énergie importante pour pomper le sang vers le haut à travers d'étroits vaisseaux capillaires. Garder une patte à un niveau plus proche du cœur pourrait réduire l'effort.

Il est également utile de rappeler que les pattes des oiseaux ont une articulation différente de celle de nos membres : ce qui ressemble à un genou fonctionne plus comme une cheville. Nombre d'oiseaux ont un mécanisme pour verrouiller la patte en position rigide, de sorte qu'il est beaucoup plus facile pour eux de se tenir debout sur une seule patte des heures durant – et j'ai pu observer à maintes reprises des oiseaux décoller et même atterrir sur une seule patte.

Rob Robinson, biologiste émérite,
British Trust for Ornithology, Thetford, Royaume-Uni

Belles-de-jour

Les belles-de-jour que je fais pousser sur mon balcon ont toutes la tige qui s'enroule dans le même sens. Lorsque j'ai bougé certaines d'entre elles de place, je les ai moi-même enroulées autour des ficelles qui leur servent de support. Celles

que j'ai enroulées dans le « mauvais » sens se sont mises à s'enrouler dans le « bon » sens dès qu'elles ont pu. D'où vient ce phénomène ?

Judit Zádor, Budapest, Hongrie

Certaines plantes grimpantes, comme les belles-de-jour et la glycine, s'enroulent dans le sens inverse des aiguilles d'une montre (sens direct). D'autres, comme le houblon et le chèvrefeuille, s'enroulent dans le sens des aiguilles d'une montre (sens rétrograde). Il paraît qu'il ne faut pas les forcer à tourner dans le mauvais sens, ou elles dépériront.

Bien qu'on ait avancé que le houblon s'enroule dans le sens rétrograde pour suivre la course du soleil, le sens d'enroulement est déterminé en fait par les gènes de la plante et la force de gravité.

Une équipe de chercheurs japonais de l'université de Kobe, sous la direction de T. Hashimoto, a réalisé une mutation chimique de plantes qui grimpaient droit, de façon à ce que certaines s'enroulent dans le sens direct, puis elle a examiné la structure moléculaire des segments enroulés. Elle a trouvé qu'un petit changement dans la structure de la tubuline – une protéine de la microtubule des cellules – déterminait le sens d'enroulement (*Nature*, vol. 417, p. 193).

Une autre équipe japonaise, sous la direction cette fois de Daisuke Kitazawa de l'université de Tohoku, a découvert que les cellules qui détectent le champ de pesanteur ont un rôle crucial dans la circumnutation des pousses – l'incurvation et l'inclinaison de leur extrémité – et le résultat en termes d'enroulement (*Proceedings of the National Academy of Sciences*, vol. 102, p. 18742).

Les détecteurs de gravité d'une plante lui indiquent le haut et le bas, et la structure de sa tubuline détermine dans quel sens, direct ou rétrograde, s'effectue l'enroulement par rapport à cette verticale.

Quinn Smithwick, Cambridge, États-Unis

Comme chien et chat

Pourquoi les chiens aiment-ils sauter dans les mares d'eau froide, alors que ce n'est pas le cas des chats et des êtres humains ?

James Scowen, Londres, Royaume-Uni

Votre lecteur semble confondre volonté et plaisir. La plupart des chiens sont prêts à sauter dans l'eau froide, sans pour autant en tirer du plaisir. Et en ce qui concerne les chats, le lecteur pense très certainement aux chats domestiques, qui ne sont pas nécessairement représentatifs du genre.

Quoi qu'il en soit, la tolérance de la gens canine envers l'eau froide, et l'intolérance des félins, ont trait à leurs parcours évolutifs respectifs. Le chien (*Canis lupus familiaris*) est originaire d'Asie centrale, où il est apparu à la fin de la dernière période glaciaire, il y a au moins 15 000 ans. Il descend du loup gris (*Canis lupus*), avec tout le bagage évolutif que cela implique. Les loups de l'âge de glace avaient pour proies les animaux subarctiques qui vivaient en troupeaux, comme l'élan, le renne et le caribou, et qui migraient en quête de nourriture, n'hésitant pas à franchir des rivières en crue lors des débâcles glaciaires.

N'importe quel animal, y compris le loup, s'évertuant à passer de telles rivières à gué ou à la nage, développerait sans nul doute une résistance physique et psychologique aux basses températures. Les loups qui hésitaient à se mouiller les pattes n'ont pas vécu assez longtemps pour avoir une descendance. Ceux qui sont passés outre ont transmis à leur descendance canine une tolérance envers l'eau froide.

Quelque cinq mille ans après que le grand méchant loup a débuté la transition qui l'a amené à devenir le meilleur ami de l'homme, un groupe de chats sauvages (*Felis sylvestris*),

vivant en Asie occidentale, s'est apparemment lié à la population humaine de la région, au travers d'une relation semi-symbiotique. Ce n'est pas anodin si le plus proche parent actuel de ces protominous est le chat des sables (*Felis margarita*), un habitant des régions chaudes et arides, comme le Sahara.

De tels ancêtres n'ont certainement jamais cherché à se mouiller, d'autant que la sélection naturelle leur a inculqué une grande méfiance à l'encontre des plans d'eau, quelle que soit leur température. En effet, si les mammifères des régions subarctiques n'ont pas de prédateurs qui vivent en eau douce, les mammifères des régions tropicales ont de bonnes raisons de ne pas entrer dans l'eau, où peuvent les attendre de redoutables mâchoires. En Afrique, lors de la préhistoire, le trou d'eau était un fast-food de rêve pour les grands prédateurs, tapis sous l'eau ou rôdant sur les bords.

Le comportement que nos animaux domestiques ont hérité de ces parcours très différents est évident lorsqu'on les regarde boire. Un chien se mettra à laper son eau avec entrain, avec à peine un regard en biais de temps en temps pour s'assurer qu'aucun animal ne menace de l'attaquer. À l'inverse, un chat est beaucoup plus craintif, et regarde avec méfiance sans arrêt autour de lui, restant à distance raisonnable de l'eau.

Hadrian Jeffs, Norwich, Royaume-Uni

? Le vol du papillon

Ma fille âgée de 4 ans m'a demandé jusqu'à quelle hauteur volent les papillons. Je n'ai pas su répondre. Quelqu'un peut-il nous éclairer ?

Jacque (et Tara) Lawlor, Chelmsford, Royaume-Uni

Le record d'altitude pour les papillons migrateurs est de 5 791 mètres, établi par un essaim de petites vanesses de l'ortie

(*Aglais urticae*), franchissant le glacier de Zemu dans la chaîne orientale de l'Himalaya.

Il s'agit non seulement d'un record d'altitude pour les papillons, mais aussi pour les insectes en général en vol autonome, loin au-dessus des 3 000 à 4 000 mètres, où des papillons monarques sont signalés par les pilotes de ligne.

Hadrian Jeffs, Norwich, Royaume-Uni

Le beau chien est-il bête ?

L'élevage et le croisement de chiens de race ont mauvaise presse, y compris l'affirmation apparemment infondée que le croisement à des fins purement esthétiques se fait au détriment de l'intelligence. À l'inverse, a-t-on jamais fait de croisements, chez les chiens ou chez d'autres animaux, dans le but d'accroître leur intelligence ? Quel degré d'intelligence peut-on atteindre chez une espèce animale par reproduction sélective ? Et en combien de temps ?

John Schofield, Londres, Royaume-Uni

Chez tout animal, des croisements répétés à des fins purement esthétiques exercent une influence défavorable sur l'intelligence et sur tous les autres attributs de l'animal – y compris à terme sur l'esthétique elle-même. C'est une caractéristique intrinsèque de la sélection, qu'elle soit naturelle ou artificielle.

L'efficacité de la sélection dépend de l'éventail de gènes pertinents dans la population concernée : plus grande est la population, plus large est l'éventail de gènes. La sélection focalisée sur un attribut particulier réduit rapidement cet éventail : au sein d'une seule génération, moins de 1 % de la population peut être sélectionnée, réduisant du coup l'éventail de tous les gènes, y compris ceux qui affectent la santé, l'intelligence ou la fonctionnalité.

Les chiens croisés pour les expositions canines le sont de façon tellement obsessionnelle que tout gène nuisible qu'ils portent se trouve fixé dans leur population. Les croisements pour les concours sont particulièrement rigoureux, de sorte que le pool génétique se rétrécit rapidement. La plupart des mutations et des gènes récessifs au sein d'une petite population fermée sont nocifs, de sorte que l'évolution y est foncièrement négative.

Les exemples les plus pertinents de croisements pour favoriser l'intelligence et la fonctionnalité se font pour les chiens de garde et de travail. Lorsque l'on croise les animaux de compagnie pour obtenir certains types de comportements souhaités, on pourrait penser que l'intelligence et la santé sont prioritaires, mais elles peuvent représenter un défi et un inconvénient commercial. Les gens qui veulent un compagnon préfèrent les bâtards.

Jon Richfield, Somerset West, Afrique du Sud

La question de savoir si l'on a jamais croisé une variété de chiens essentiellement pour favoriser l'intelligence, pousse à se demander d'abord ce que l'on veut dire par intelligence. Le psychologue Robert Sternberg a montré que ce que l'on entend par « intelligence » dépend de ce que nous portons en estime, c'est-à-dire de ce en quoi on « devrait » exceller. Ainsi, nous disons d'un chien qu'il est « intelligent » lorsqu'il fait du bon travail à la tâche qu'on lui a assignée : bien garder les moutons par exemple, ou bien garder la maison. Nous n'avons nul besoin de chiens qui fassent de l'algèbre ou qui sachent spéculer en bourse, donc nous n'avons jamais encore tenté de les croiser dans ce but.

Sternberg a identifié trois critères d'intelligence : l'aptitude à s'adapter à des environnements différents ; l'aptitude à donner forme à son environnement ; et l'aptitude à comprendre que l'environnement n'est pas optimal, déclenchant la recherche d'une niche écologique plus accueillante. Sur la base de ces critères, vous pourriez argumenter que presque toutes les espèces vivantes sont intelligentes, même les bactéries, puisqu'au grand minimum celles-ci sont adaptées à leur environnement. En outre, nombre de bactéries peuvent lever l'ancre lorsque les conditions se gâtent et aller voir ailleurs, et certaines peuvent même agir sur leur environnement pour l'adapter à leurs besoins.

Peut-être que les chiens ont droit à une mention particulière, parce qu'ils ont agi sur leur environnement en se rendant utiles et attrayants aux êtres humains, ce qui leur vaut en retour le gîte et le couvert.

Catherine Scott, Surrey Hills, Australie

? Vert forestier

À cause des avantages qu'apporte le camouflage, on pourrait penser que des mammifères verts ont vu le jour. En trouve-t-on, et sinon, pourquoi ?

A. C. Henderson, Braco, Royaume-Uni

Il n'existe qu'un seul mammifère vert : le paresseux à trois doigts (*également appelé « aï », NdT*). La couleur est due à la couche d'algues qui recouvre la fourrure de ce paresseux. À cause de la lenteur de l'animal et de son manque d'hygiène, l'algue ne s'enlève pas. On ne connaît aucun autre mammifère capable de doter son épiderme d'un pigment vert. La principale raison pour cette absence de mammifères verts paraît d'ordre écologique.

En général, les mammifères sont tout simplement trop grands pour avoir recours à une seule couleur à des fins de camouflage, puisqu'il n'y a pas d'étendue de verdure assez grande qui le justifierait. La plupart des mammifères évoluent dans

des environnements faits de taches claires et sombres, composées de nombreuses couleurs différentes. Cela conduit à ce que les mammifères aient des camouflages tachetés ou rayés. Les autres animaux qui utilisent bien le vert comme camouflage, notamment les grenouilles et les lézards, sont assez petits pour profiter des taches vertes de la végétation, comme celles des feuilles, pour se fondre dans le décor.

Paul Barrett, département des sciences de la Terre,
université de Cambridge, Royaume-Uni

Les principaux prédateurs des mammifères sont eux-mêmes des mammifères de la famille des carnivores, comme le chien, le chat et la belette. Les carnivores ne savent pas reconnaître les couleurs, ou ont en tout cas une perception très limitée des couleurs. Pour cette raison, un camouflage efficace contre ces prédateurs n'est pas une affaire de couleurs, mais une combinaison d'autres facteurs tels que la brillance, le motif et la texture, ainsi que le mouvement.

Graeme Ruxton, Bureau écossais des statistiques agricoles,
Royaume-Uni

Vos réponses à cette question ne mentionnent que le paresseux à trois doigts qui n'est pas vraiment vert, mais seulement recouvert d'algues vertes. Il y a en fait un mammifère vraiment vert : le phalanger vert (*Pseudocheirus archeri*) qui est d'ailleurs très mignon. C'est un opossum du groupe des marsupiaux, endémique à une petite région du nord-est de l'Australie. Vous pouvez en voir une belle représentation en couleurs dans *The Complete Book of Australian Mammals* (Angus and Robertson, 1983). L'article accompagnant l'image est de J. W. Winter, un expert en opossums de cette région australe. Il écrit à son sujet : « Cet animal d'une grande beauté mérite son nom : un mélange de poils noirs, gris, jaunes et blancs confère à son doux pelage une surprenante couleur citron vert. »

J'ajouterai que c'est l'animal sauvage le plus docile que j'aie jamais rencontré. Un chercheur qui étudiait les opossums dans les années 1960 en avait attrapé un, et l'avait gardé une journée avant de le relâcher, me permettant de le photographier. Il n'a essayé à aucun moment de se débattre, de griffer ou de mordre lorsque je l'ai sorti de sa cage, et n'a même pas essayé de s'enfuir.

J. W. Winter ne fait aucun commentaire quant aux avantages éventuels de la couleur verte, mais il rapporte toutefois que « son perchoir diurne, à la différence des autres opossums, consiste généralement en une branche dégagée. Il dort enroulé en boule autour d'une branche, avec une ou bien les deux pattes arrière reposant sur la base de sa queue enroulée, et les membres antérieurs ainsi que le visage et la pointe de la queue blottis contre son ventre ».

Une boule verte, amorphe et immobile parmi les myriades de taches vertes de la forêt vierge, n'attire pas vraiment l'attention. Les seuls prédateurs dont parle J. W. Winter (à part les humains aborigènes autrefois) sont nocturnes : la ninoxe rousse (un hibou, *Ninox rufa*) et le chat marsupial à queue tachetée (*Dasyurus maculatus*). Ce dernier, mesurant environ 50 centimètres de long, est répandu dans tout l'est de l'Australie, Tasmanie comprise.

H. S. Curtis, par courriel, pas d'adresse postale

La culbute du scarabée

Alors que je jardinais, j'ai vu passer un scarabée qui a fait un faux pas et s'est retourné sur le dos. Si je ne l'avais pas secouru, il serait sans doute resté coincé dans cette position jusqu'à trépasser. Comment se fait-il qu'après tant de millions d'années d'évolution, la nature n'ait pas su rectifier cette erreur de design particulièrement mortelle ?

Greg Parker, Brockenhurst, Royaume-Uni

Si votre lecteur avait laissé le scarabée sur le dos, il ne serait probablement pas resté dans l'état jusqu'à sa mort. Les scarabées et autres insectes ont toute une gamme de mécanismes qu'ils peuvent mettre en œuvre pour se redresser dans des circonstances qui interviennent, comme le dit à juste titre le lecteur, trop souvent et dangereusement.

Le mécanisme le plus connu, utilisé par le taupin (un insecte coléoptère de la famille des *élateridés*) consiste à se propulser en l'air au moyen d'une pointe posternale sous pression, qui se déplie à partir d'une cavité derrière la tête.

Comme de nombreux lecteurs auront pu le vérifier, le taupin fait souvent plusieurs tentatives avant de retomber sur ses pattes, mais le temps aidant, il y parvient toujours.

D'autres mécanismes moins sophistiqués dont se servent les scarabées pour se redresser incluent le déploiement des ailes, l'extension des pattes, et le balancement du corps d'avant en arrière ou d'un côté à l'autre.

Christopher Starr, département de zoologie,
université des Antilles

Seule une minorité de coléoptères ont une anatomie qui pose ce type de problème. J'ai travaillé, par exemple, avec de nombreuses espèces de coccinelles au laboratoire, et la plupart arrivent à se redresser plutôt facilement.

Les espèces qui se retrouvent effectivement bloquées sur le dos tendent à être les plus grandes espèces dont les élytres (la première paire d'ailes protectrices) sont fortement convexes.

Les coccinelles retournées sur une surface lisse finiront éventuellement par déployer leurs ailes membraneuses antérieures, qui sont généralement cachées sous les élytres, et s'en serviront pour se redresser. Une grande partie de la réponse tient donc au fait que peu d'espèces se mettent dans une position scabreuse, et que celles qui s'y trouvent parviennent à se retourner grâce à leurs ailes antérieures.

Tout au long de l'évolution, il était sans doute assez rare que les scarabées rencontrent dans les prairies et forêts des surfaces complètement lisses ou un sol totalement nu, sans couvert végétal. En temps normal, les brins d'herbe, feuilles mortes et tiges de plantes offrent de bonnes prises pour aider les scarabées à se redresser.

Les avantages que constitue une solide carapace protectrice, notamment son efficacité contre la prédation, l'emportent de loin sur les inconvénients d'un petit tour sur le dos et ont grandement contribué au succès évolutif des scarabées. En termes de nombre absolu d'individus et de nombre d'espèces différentes, les scarabées sont l'un des groupes animaux les plus prospères de la planète.

Tom Lowery, Pest Management Research Center (Centre de recherches pour le contrôle des nuisibles), Canada

Les mammifères myopes

Je dirais qu'environ 40 % des personnes que je connais portent des lunettes ou des lentilles pour la vision à distance. En supposant que ce chiffre soit représentatif de toute l'espèce humaine, comment se fait-il que ce problème de myopie, qui est si courant chez l'homme, soit apparemment si rare parmi les animaux sauvages ? À ma connaissance, la myopie est une condition génétique et n'est pas causée par des habitudes humaines comme lire de petits caractères (sinon, on s'attendrait à ce que notre vue se rétablisse en arrêtant cette pratique). Ce n'est évidemment pas aisé de tester la vue d'un animal, mais si ce problème de myopie est aussi fréquent chez les animaux sauvages que chez l'homme, comment arrivent-ils à survivre ?

Stephen White, Surbiton, Royaume-Uni

Pour la plupart des autres mammifères, le degré de réfraction oculaire (le pouvoir de convergence du cristallin qui permet de former sur la rétine une image claire d'un objet à l'infini) tend vers l'emmétropie, ou vision parfaite, pour la vision à distance. De même, les variations de ce pouvoir de réfraction et les cas d'astigmatisme sont moins fréquents que chez les humains. Notons toutefois que le nombre d'individus testés est bien plus réduit chez les autres mammifères que chez l'homme.

Ces tendances ont été relevées par mes compagnons de recherche Clive Phillips, Jacob Sivak, Robin Best, Bill Muntz, et moi-même, au cours d'un certain nombre de tests utilisant des techniques optométriques standards (excepté bien sûr ceux qui requièrent une réponse verbale).

Nos tests ont porté sur des espèces très différentes, comme le mouton domestique, le guanaco (un type de lama), l'ours polaire, le lamantin et le paresseux à trois doigts. Ces résultats suggèrent que la myopie serait en effet un handicap pour les mammifères.

David Piggins, Bangor, Royaume-Uni

Les primates élevés en captivité tendent à devenir myopes. La myopie est causée par un changement dans la longueur axiale de l'œil, mais des changements de la puissance cornéenne peuvent également affecter la vue. La plupart de ces changements ont généralement lieu durant la phase de croissance, au cours des premières années de vie, mais chez l'être humain ils peuvent se dérouler à un degré moindre sur trois décennies.

Les poussins nous donnent des informations supplémentaires. On peut induire chez eux en quelques semaines, par le biais de lentilles de contact, une myopie ou une hypermétropie de l'ordre de 10 dioptres, puis l'inverser. Un changement important a lieu dans le segment postérieur de l'œil, que l'on attribue à des changements dans son taux de croissance au fil du temps. De même que les humains plissent des yeux pour améliorer leur vue, les poussins peuvent avoir recours à une accommodation cornéenne et lenticulaire, mais cela semble ne pas influer beaucoup sur la croissance en question.

La possibilité que la myopie puisse être stoppée, voire inversée chez l'homme est le sujet de nombreux débats en ophtalmologie. D'autant qu'il semblerait que notre tendance à la myopie prend des allures d'épidémie, particulièrement en Extrême-Orient, et qu'on peut difficilement l'expliquer par la génétique ou par la déformation professionnelle.

Matt Cooper, Brighton, Royaume-Uni

Parmi les personnes âgées, les défauts de la vue acquis en cours de vie sont plus fréquents que la myopie congénitale. À des âges avancés, au-delà de ce qu'atteindrait une espèce animale à l'état sauvage, les tissus de l'œil humain se déforment et perdent en flexibilité, ce qui mène à l'astigmatisme et à la presbytie. Le cristallin peut devenir opaque, suite à des cataractes, ou bien s'assombrir au point de nécessiter une plus grande luminosité.

Les animaux domestiques peuvent montrer des défauts similaires lorsqu'ils atteignent un âge qu'ils n'auraient pas atteint à l'état sauvage, et la cataracte rend souvent aveugles les vieux chats et les vieux chiens. Chez le chien de compagnie, remettre d'aplomb le cristallin est devenu aujourd'hui une opération de routine. On n'a pas besoin de lui acheter des lunettes après l'opération : le tout est qu'il voie assez clair pour trouver sa gamelle. D'autant qu'il n'a pas besoin de lire l'étiquette sur la boîte de pâté.

Jon Richfield, Somerset West, Afrique du Sud

Le vol du colibri

*Durant sa migration, le colibri à gorge rubis (*Archilochus colubris*) fait le plein d'eau pour la dernière fois – quelques gouttes de nectar – sur la côte nord du golfe du Mexique, avant d'entreprendre un vol de 800 kilomètres sans escales jusqu'à la côte sud du golfe. Est-ce que quelqu'un peut calculer l'indice de performance de cet oiseau, en termes de métabolisme, pour aller aussi loin avec aussi peu ? Peut-on comparer ce rendement avec celui d'un être humain ?*

Martin Bradfield, Lohhof, Allemagne

La question pourrait bien contenir plusieurs fausses hypothèses. Avant de s'envoler pour la péninsule du Yucatán, le colibri passe plusieurs semaines à se goinfrer d'arthropodes, et ne consomme pas seulement « quelques gouttes de nectar ». Il accumule assez de graisse pour doubler son poids : une femelle peut ainsi passer de 3,2 grammes à environ 6 grammes, et peut à peine décoller. Arrivée au Mexique, après un vol qui peut atteindre 22 heures, elle ne pèse plus que 2,7 grammes environ, ayant puisé dans ses réserves de graisse et parfois même dans son tissu musculaire. Nombreux sont les colibris qui n'arrivent jamais à destination.

Le taux métabolique moyen calculé pour le colibri à gorge noire est de 29,1 ± 6,3 kilojoules par jour. Un homme qui voudrait métaboliser au même rythme devrait consommer quotidiennement deux fois son poids en viande, ou bien 45 kilogrammes de glucose, et sa température dépasserait 400 °C.

Lanny Chambers, Saint Louis, États-Unis

Le taux métabolique de base mesure combien d'oxygène un organisme consomme au repos. Chez le colibri, le seul fait que son rapport masse/surface corporelle soit très élevé lui impose un taux métabolique de base qui est 12 fois plus élevé que celui d'un pigeon et 100 fois plus élevé que celui d'un éléphant.

Le taux métabolique du colibri à gorge rouge est beaucoup moins élevé lorsqu'il est en état de torpeur que lorsqu'il vole. L'oiseau prend environ une heure pour passer de l'état de torpeur à l'état actif. Son rythme cardiaque passe de 50 à 500 battements par minute, et sa température de 10 °C à 40 °C. En plein vol, son cœur atteint 1 260 pulsations/minute et ses ailes battent de 50 à 200 fois par seconde. Et tout cela avec un rendement énergétique plus efficace que chez l'être humain lorsqu'il fait une simple promenade.

Le colibri à gorge rouge appartient au groupe des passereaux, qui ont trois doigts tournés vers l'avant et un doigt tourné vers l'arrière. Les passereaux tendent à avoir un taux métabolique 70 % plus élevé que celui des autres oiseaux et que celui des mammifères. Leurs muscles sont composés à 35 % de mitochondries, avec des crêtes mitochondriales – replis tapissant leur paroi interne – qui les rendent à peu près deux fois plus efficaces que les mitochondries humaines.

Pour atteindre le même degré d'efficacité, les êtres humains devraient avoir des muscles composés à 70 % de mitochondries. Et même dans ce cas, les muscles ne pourraient pas fonctionner, parce qu'ils contiendraient trop peu de fibres musculaires.

Lorsqu'il passe l'hiver au Mexique, l'oiseau se bâtit d'importantes réserves de graisse, jusqu'à doubler son poids en vue de son long voyage vers le nord. En fait, la plupart des colibris à gorge rouge contournent le golfe du Mexique en suivant le rivage, et mangent un peu sur le chemin, mais certains prennent bien la route directe au-dessus de la mer, entre Floride et Yucatán, puisant dans leurs réserves de graisse et avalant quelques moucherons sur le chemin.

Plusieurs facteurs rendent le colibri à gorge rouge particulièrement efficace. Ses muscles pectoraux sont de la viande rouge, c'est-à-dire riche en myoglobine – une protéine qui transporte l'oxygène – et le rapport capillaires/fibres est élevé,

ce qui favorise l'irrigation sanguine. L'oiseau suit également un régime énergétique à base de nectar, qu'il stocke sous forme de graisse. Il peut butiner le nectar de n'importe quel type de fleur, ce qui lui évite de perdre du temps à chercher une espèce particulière (en outre, il est également insectivore). Sa langue est fourchue, ce qui lui permet de mieux prélever le nectar par action capillaire, sans grand effort, et il opère à haute température, ce qui rend plus efficaces ses réactions métaboliques.

On a calculé que l'oiseau, qui reste éveillé 16 heures par jour, mange l'équivalent de trois fois son poids quotidiennement. Pour un être humain, cela équivaut à manger 125 kilogrammes de viande chaque jour, soit 1 335 000 kilojoules.

Mike Ball, Gorinchem, Pays-Bas

? Colin-maillard

Comment certains poissons, notamment le carrelet, parviennent-ils à changer de couleur pour se fondre dans le décor ? Plus précisément, si vous mettiez un petit bandeau au carrelet, est-ce qu'il saurait toujours se camoufler ?

Nick Axworthy, par courriel, pas d'adresse postale

De nombreux poissons du groupe des téléostéens, comme le vairon, changent de couleur en fonction de la réflectivité lumineuse de l'arrière-fond. La lumière venue d'en haut, qui pénètre la rétine de l'œil, est comparée dans le cerveau du poisson à la lumière réfléchie venue d'en bas.

Le résultat de cette comparaison est acheminé, *via* les nerfs adrénergiques, jusqu'aux cellules pigmentaires de la peau, qui contrôlent le mouvement des pigments. La peau des téléostéens contient des cellules pigmentaires contrôlant différentes couleurs : les mélanophores (noir), les érythrophores (rouge), les xanthophores (jaune) et les iridophores (couleur irisée). Les granules pigmentaires diffusent à travers ces cellules depuis leur centre. À chaque instant, la superficie couverte par ces pigments détermine leur contribution à la couleur globale de la peau.

De nombreux poissons plats, carrelet compris, font mieux qu'estimer seulement la réflectivité globale : ils développent des motifs qui correspondent à celui des taches claires et sombres de leur environnement. Cela implique une interprétation visuelle plus discriminatoire, avec le contrôle de zones distinctes de la peau qui privilégient certains types de cellules pigmentaires (sans pour autant leur accorder l'exclusivité de la coloration). Ainsi, les taches noires contiennent surtout des mélanophores, et les taches blanches surtout des iridophores, ce qui peut produire un camouflage en damier si le poisson est tapi sur un fond du même motif.

Comme il s'agit de réactions visuelles, mettre un bandeau au poisson stimulerait toutes les composantes du système chromatique de manière égale. Le poisson adopterait une teinte intermédiaire sombre ou grise, similaire à celle de l'environnement nocturne. Il y a aussi à terme des réponses hormonales, par le truchement d'une stimulation lumineuse directe de l'épiphyse à travers le crâne, qui affectent la quantité de pigment et le nombre de cellules concernées. Ainsi en est-il de la plie noire d'Islande, qui a pour habitat les fonds volcaniques sombres autour de l'île.

Cliff Collis, Londres, Royaume-Uni

Biosphère

Si par hypothèse (uniquement une hypothèse, sinon ma maman risque de se fâcher) j'enferme mon frère dans une pièce parfaitement étanche, combien de plantes faudrait-il y mettre pour assurer un équilibre d'oxygène et de dioxyde de carbone

suffisant pour qu'à la fois mon frère et mes plantes chéries survivent ?

Gene Han, Iowa, États-Unis

Pour simplifier le problème, n'oubliez pas de passer des plateaux-repas à votre frère au travers d'un sas étanche. Les plantes n'auront alors qu'à lui procurer l'oxygène. S'il passait tout son temps à dormir et à manger, il aurait besoin d'environ 350 litres d'oxygène par jour (la quantité qui se trouve dans 1,7 mètre cube d'air). Une telle quantité d'oxygène est produite en plein soleil par des plantes ordinaires recouvrant une superficie au sol d'environ 5 à 20 mètres carrés. Si vous utilisez les plantes les plus productives de type « C4 », comme la canne à sucre, vous pouvez réduire la surface nécessaire à 2,5 mètres carrés. D'autre part, votre frère expirerait 350 litres de dioxyde de carbone par jour, ce qui permettrait aux plantes de pousser, en augmentant leur poids sec de 430 grammes par jour.

Maintenant, cherchons la petite bête. Si les fenêtres de la pièce, plus la lumière artificielle, ne laissent passer en réalité que l'équivalent de 10 % du flux solaire, vous devez multiplier la surface de verdure nécessaire par un facteur 10. Si les lumières s'éteignent la nuit, multipliez à nouveau par un facteur 2, voire plus en hiver. Les plantes opèrent plus rapidement la photosynthèse diurne que la respiration nocturne, et en première approximation, vous pouvez négliger la quantité d'oxygène que les plantes consomment la nuit.

Si maintenant vous ne comptez pas nourrir votre frère, mais espérez qu'il survivra en mangeant les plantes, n'oubliez pas que la majorité des substances synthétisées par les plantes sont indigestes, donc doublez de nouveau leur surface par précaution. Les parties non consommées des plantes, plus les excréments de votre frère, ont besoin d'être décomposés ou carbonisés, de façon à ce que le carbone qu'ils contiennent soit recyclé. Ainsi, si votre frère maîtrise bien la physiologie des plantes, cette ambitieuse biosphère doit contenir environ 20 mètres carrés de plantes.

Ci-dessous, voici le détail de mes calculs.

L'énergie quotidienne nécessaire à un adulte assoupi est de 1 750 kilocalories par jour. Le contenu énergétique de 100 grammes de sucrose est de 400 kilocalories. Par conséquent, un adulte a besoin d'environ 1 750/4 = 438 grammes de sucrose par jour = 1,28 mole de sucrose par jour.

La respiration nécessaire au métabolisme de ce sucre requiert 1,28 × 12 = 15,36 moles d'oxygène par jour. Une mole occupe 22,4 litres, donc cela correspond à 15,36 × 22,4 = 344 litres d'oxygène pur par jour.

Le taux de photosynthèse des plantes en plein air sous ensoleillement optimal se situe entre 10 et 30 micromoles (jusqu'à 70 micromoles pour les plantes C4) de dioxyde de carbone par mètre carré par seconde (0,86 à 6,05 moles par mètre carré par jour). Pour chaque mole de dioxyde de carbone fixée par les plantes, une mole d'oxygène est produite.

En résumé, la surface requise se situe entre 20 mètres carrés pour les plantes les moins productives et 2,5 mètres carrés pour les plantes de type C4.

Stephen Fry, Institut de biologie cellulaire et moléculaire, université d'Édimbourg

Frères de sang

Au risque de passer pour un manchot, pourquoi les ours blancs n'ont-ils pas froid aux pieds ?

Paul Newcombe, Zurich, Suisse

À la différence des manchots et de leur complexe plomberie interne, la raison pour laquelle les ours blancs – aussi appelés

ours polaires – ne se gèlent pas les pattes tient tout simplement à leur bonne isolation.

Les ours blancs (*Ursus maritimus*) comptent parmi les animaux les mieux isolés de la planète, notamment parmi les mammifères qui ne vivent pas la plupart du temps immergés dans l'eau. À l'âge adulte, un ours blanc possède une épaisseur de 10 centimètres de graisse sous la peau, le tout recouvert d'une épaisse fourrure. Cette fourrure n'est pas seulement dense, elle possède aussi une remarquable structure. Chaque poil consiste en un tube creux, de sorte que de l'air est emprisonné à l'intérieur des poils, ainsi qu'entre les poils. Même sans se cacher le museau sous une patte (comportement qu'on lui attribue, mais pour lequel il existe peu de preuves), l'ours blanc est pratiquement invisible en photographie infrarouge (sensible à la chaleur), même en utilisant les technologies militaires les plus avancées, comme les amplificateurs de lumière.

L'ours blanc a également des coussinets très poilus sous ses pattes et sa peau y est particulièrement dure et calleuse, ce qui fait qu'il y a une épaisse couche de peau morte entre la glace et les vaisseaux sanguins de la bête.

Un autre facteur est sans doute en jeu. Le dessous de la patte de l'ours blanc est truffé de douzaines de papilles dermiques – petites protubérances de peau très calleuse – qui procurent du grip supplémentaire, comme les crampons d'une chaussure de sport. Ce sont ces papilles qui permettent à l'ours blanc d'accélérer de façon remarquable sur la glace, malgré l'inertie formidable due à son poids. Ces mêmes papilles l'empêchent de déraper et de manquer la proie convoitée.

Sur de la glace très compacte, l'ours blanc tend à soulever en partie sa patte au-dessus de la glace. Les papilles permettent d'emprisonner de l'air isolant supplémentaire entre le coussinet plantaire et la glace.

Une telle adaptation thermique peut, malgré tout, être une arme à double tranchant. Un ours blanc qui tenterait un petit jogging par une température de 10 °C ou plus succomberait en peu de temps à un coup de chaleur fatal. Durant l'été arctique, il fait souvent beaucoup plus chaud que 10 °C, et les capacités de l'ours blanc en matière de chasse s'en trouvent sérieusement limitées.

Cette atteinte à son style de vie peut se révéler aussi néfaste à ses chances de survie, en tant qu'espèce, que la destruction de son habitat. Si le réchauffement climatique finit par faire disparaître l'ours blanc, ce serait une terrible ironie du sort, car il aurait succombé pour avoir si bien maîtrisé la conservation d'énergie, alors que l'homme la dilapide de façon si révoltante.

Hadrian Jeffs, Norwich, Royaume-Uni

À rat qui rit

Est-ce que les moustiques attrapent la malaria ? Est-ce que les rats attrapent la peste bubonique ? Et sinon, pourquoi ?

Classe de CM2, Christopher Hatton School, Royaume-Uni

Félicitations aux enfants pour avoir posé une question aussi pertinente.

Les rats tombent malades assez rapidement, lorsqu'ils sont infectés par des puces porteuses de la peste, et certains en meurent, quoique lentement. Les rats porteurs de la peste sont particulièrement dangereux au moment de leur mort, parce que les puces quittent leur cadavre pour trouver de nouveaux hôtes.

Le parasite de la malaria, *Plasmodium*, ne tue pas systématiquement les moustiques qu'il infecte, quoiqu'il vaudrait mieux pour ces moustiques qu'ils ne soient pas infectés du tout, car il y en a un certain nombre qui succombent.

Si l'on pouvait croiser une espèce de moustique résistante au parasite, elle prendrait le pas sur les autres espèces décimées progressivement par la maladie, de sorte que l'on pourrait à terme se débarrasser de l'insecte porteur et donc de la malaria.

Ce type de stratégie, en revanche, ne marcherait pas dans le cas de la fièvre jaune, car les moustiques porteurs de ce virus en sont à peine affectés.

Jon Richfield, Somerset West, Afrique du Sud

Plasmodium, le parasite qui cause la malaria chez l'être humain, infecte les moustiques. Les moustiques transmettent ensuite la maladie aux personnes lorsqu'ils les piquent pour sucer leur sang. Comme dans le cas de *Yersinia*, bactérie de la peste, le parasite bloque l'appareil digestif du moustique porteur, avec pour résultat que le moustique régurgite un peu de sang – désormais contaminé – dans celui de la victime qu'il suce, lui transmettant la maladie.

Pour répondre précisément à la question, il est important de noter qu'être infecté par un microbe ou autre parasite ne déclenche pas nécessairement la maladie, car c'est souvent dans l'intérêt même du microbe de ne pas tuer l'hôte qui l'abrite.

Cependant, les moustiques qui transmettent *Plasmodium* sont affectés par le parasite, lequel se développe dans leurs glandes salivaires. Ce type d'infection peut affecter le bon fonctionnement des glandes et donc la viabilité du moustique.

Un parasite apparenté, *Theileria*, est transmis au bétail par des tiques. Il peut endommager l'appareil digestif et notamment les glandes salivaires des tiques, au point de les tuer, ce que l'on observe au laboratoire. Les épidémiologistes étudient de tels phénomènes dans la nature.

Alan R. Walker, Édimbourg, Royaume-Uni

La tête en bas

Pourquoi les chauves-souris n'ont-elles pas le tournis, à force d'être suspendues la tête en bas ? À moins qu'elles ne l'aient ?

Classe de CM2, Christopher Hatton School, Royaume-Uni

Le tournis est une sensation de mouvement que l'on ressent, même lorsqu'on se trouve à l'arrêt. Il peut s'accompagner de nausées, voire de vomissements. Parmi les types particuliers de tournis, il y a le mal des transports et le vertige, ce dernier se manifestant par une sensation de rotation. Dans d'autres cas, on peut simplement avoir la tête lourde ou souffrir d'étourdissements.

Il est impossible de savoir à coup sûr si un animal a le tournis ou le vertige, parce qu'il ne peut pas communiquer ses sentiments. En revanche, on peut déduire qu'un animal a le tournis en regardant son comportement. Par exemple, si un animal tourne en rond, sans motif apparent, il a sans doute le tournis.

Le mal des transports se déclenche lorsque l'oreille interne est stimulée de façon excessive, ou s'il y a conflit entre les informations sensorielles en provenance de sources différentes, par exemple de l'œil et de l'oreille interne. Le mécanisme gérant le sens de l'équilibre dans l'oreille interne est complexe et inclut des capteurs qui détectent à la fois le mouvement et l'orientation par rapport au champ de pesanteur, même lorsque le sujet est à l'arrêt. Les chauves-souris possèdent de tels mécanismes de l'équilibre, ainsi qu'un système d'écholocation.

Les éléments de l'oreille interne qui jouent un rôle dans l'orientation par rapport au champ de pesanteur sont appelés organes otolithiques : ce sont le saccule et l'utricule. Ce sont ces éléments de l'oreille interne qui seraient activés lorsque la chauve-souris se suspend la tête en bas. Toutefois, la stimulation

de ces éléments de l'oreille interne ne mène pas nécessairement à une sensation de tournis, en particulier dans une grotte sombre où il n'y a pas de conflit entre information visuelle et information de l'oreille interne.

Joe Furman, rédacteur en chef du *Journal of Vestibular Research*, université de Pittsburgh, États-Unis

Les chauves-souris ont développé nombre d'adaptations qui leur permettent de voler ou de se suspendre la tête en bas sans souffrir des problèmes que l'être humain rencontrerait en pareil cas. D'une part, certaines de ces adaptations concernent le vestibule de l'oreille interne – l'organe qui génère les signaux sensoriels nécessaires au sens de l'équilibre. Le saccule, qui chez les hommes détecte la direction de la pesanteur et nous aide à nous tenir debout, est tourné légèrement vers l'avant chez la chauve-souris. Cette orientation lui permet de l'utiliser davantage comme un indicateur de tangage, ce qui est plus utile en vol. D'autre part, le canal semi-circulaire, qui mesure la rotation de la tête, a une structure interne plus proche de celle de l'oiseau que de celle de l'homme, ce qui permet sans doute aux chauves-souris d'accomplir des virages serrés sans qu'il y ait trop de ballottements de fluide dans les canaux. Enfin, si vous les filmez en vol au super ralenti, vous constatez qu'elles gardent la tête très stable, sauf dans les virages les plus accentués. Mais c'est certainement la façon dont elles perçoivent le monde qui les protège du tournis. Tout ce que vous indique votre système vestibulaire, ce sont les accélérations que subit votre tête. Il vous faut d'autres organes sensoriels pour établir votre position et votre mouvement dans l'espace. Nous utilisons principalement la vision dans ce but, mais son débit d'information est lent. Tout ce qui traverse 30 degrés de votre champ de vision en moins d'une seconde vous paraîtra flou ou « filé ».

Les chauves-souris, bien qu'elles ne soient pas totalement aveugles, se fient plutôt à leur sens d'écholocation, un type de sonar biologique qui leur permet de bâtir des images en 3D d'après les échos perçus par leurs oreilles. Elles émettent à cette fin de brefs pépiements en ultrasons, de 30 à 150 fois par seconde, et détectent des détails mesurant moins d'une microseconde dans les échos reçus. Elles intègrent ces données avec celles fournies par leur système vestibulaire, ce qui les dote d'une technique de positionnement plus rapide et plus précis que celui dont dispose l'homme avec sa seule vision. Comme le tournis et le mal des transports ont généralement pour origine un conflit entre signaux du système vestibulaire et ceux d'autres organes sensoriels, les chauves-souris sont moins enclines à souffrir de problèmes d'orientation que les autres mammifères.

Seth Horowitz, professeur adjoint de neurosciences,
Brown University, États-Unis

5. La Planète, l'univers

Le centre du monde

Où se trouve sur Terre le point le plus éloigné de toute côte ? J'espère que c'est quelque part au centre de l'Asie, car je pars en voyage dans cette région du monde et j'aimerais m'y faire prendre en photo avec maillot de bain, masque et tuba.

Hugh Jones, Slapton, Royaume-Uni

Le point le plus éloigné de toute mer, que l'on appelle « pôle continental d'inaccessibilité » (PCI) en termes techniques, se trouve effectivement en Asie. Ses coordonnées sont 46° 17' N, 86° 40' E, dans le Dzoosotoyn Elisen du Xinjiang, en Chine. Il est situé à 2 648 kilomètres de la côte la plus proche, qui est celle de Tianjin sur la mer Jaune. Quoique son emplacement ait été calculé de longue date, il n'a été atteint pour la première fois que le 27 juin 1986 par deux explorateurs anglais : les cousins Nicholas et Richard Crane.

Les Crane s'y sont rendus à bicyclette, en traversant les déserts de l'Hindu Kush et de Gobi, dans le but de récolter des fonds pour le Groupe de développement des technologies intermédiaires (rebaptisé depuis Action pratique), une œuvre caritative qui soutient le développement technologique dans les pays en voie de développement.

Vingt ans auparavant, toutefois, le PCI avait attiré l'attention d'un autre groupe aux intérêts bien différents. Aux yeux des stratèges nucléaires, sa particularité géographique lui donnait une signification importante en termes de performances des armes atomiques. Pour les partisans d'une force de frappe embarquée

à bord de sous-marins, à l'époque des missiles *Polaris*, la faculté de pouvoir toucher n'importe quel point sur Terre – même s'il n'y avait rien d'intéressant à y détruire – était devenue un point crucial dans la guerre d'influence qu'ils menaient contre les partisans des forces de frappe terrestre et aéroportée.

Lorsque la version A3 du *Polaris* plaça le PCI à la portée d'une frappe nucléaire à la fin des années 1960, l'événement fut salué comme un triomphe de la technologie moderne, notamment par le ministre de la Défense du Royaume-Uni. On n'a toutefois pas pris soin de préciser à l'époque que pour atteindre sa cible, le grand sous-marin lance-missiles devait pratiquement entrer dans le port de Tianjin.

L'ironie de l'histoire, c'est qu'au moment où les marines nationales des pays occidentaux achetaient de quoi bombarder toute la Chine avec des missiles embarqués à bord de sous-marins, la région du PCI devenait la cible des Soviétiques plutôt que des Anglais et des Américains, car le Xinjiang prenait une importance stratégique croissante dans la confrontation sino-russe de la fin du XXe siècle.

Enfin, tout en appréciant l'humour de votre correspondant en ce qui concerne son choix vestimentaire, je dois lui préciser que le PCI connaît un climat continental marqué : les étés sont plus chauds et les hivers plus froids que dans nombre d'endroits de même latitude, à cause de l'absence d'une influence océanique modératrice. *Elisen* signifie « désert » dans le dialecte local d'Uighur, et quoique l'emplacement soit certainement sablonneux, c'est loin d'être une plage.

En fait, cette région du Xinjiang peut être considérée comme un prolongement du Gobi – désert froid où les températures descendent à – 40 °C en hiver. À l'opposé, les températures estivales peuvent atteindre + 50 °C, avec des variations de température de l'ordre de 32 °C sur une période de 24 heures. Si votre correspondant compte se mettre en maillot de bain, je lui suggère de garder un pull-over sous la main, au cas où…

Hadrian Jeffs, Norwich, Royaume-Uni

La courbure de la Terre

Du haut de la tour de Blackpool (haute d'environ 150 mètres) sur la côte ouest du Royaume-Uni, peut-on voir la courbure de la Terre sur l'horizon de la mer d'Iroise ? Je pensais pouvoir la distinguer, mais mon ami n'était pas de cet avis. Si j'ai tort, à quelle hauteur faut-il s'élever pour la voir ?

Mark Ford, Bolton, Royaume-Uni

Nous nous sommes posé la question, mes collègues et moi, lorsque nous campions à 6000 mètres d'altitude au Pérou, en contemplant l'horizon du Pacifique. Nous n'avons pu constater cette courbure qu'en tendant un fil de nylon bien droit à l'horizontale entre deux piolets à glace.

Du haut de la tour de Blackpool, si vous alignez l'horizon le long d'une règle droite de 1 mètre de long, tenue 1 mètre devant vous, les lois de la trigonométrie vous enseignent que l'horizon idéal serait plus haut de 1 millimètre au centre de la règle qu'aux extrémités. Cette différence infime serait noyée par les effets de la distorsion atmosphérique, ce qui signifie qu'en pratique la courbure de la Terre n'est pas décelable.

Depuis notre campement au Pérou, la différence atteignait 6 millimètres, ce qui est tout à fait notable par rapport à une ligne droite. En revanche, sans ligne de repère, nous n'arrivions pas à percevoir la courbure de l'horizon.

Charles Sawyer, Byron Bay, Australie

Vu que le rayon de la Terre mesure 6 373 kilomètres, la trigonométrie nous enseigne que si vous vous tenez au sommet d'une tour de hauteur h, l'horizon se trouvera à une distance d'environ $(2 \times 6\,373 \times h)^{1/2}$ kilomètres.

Pour une tour haute de 150 mètres, l'horizon se trouvera donc à une distance de 44 kilomètres et décalé d'environ 0,39 degré

vers le bas par rapport à une ligne horizontale idéale. Si vous tenez une règle de 1 mètre de long à 1 mètre devant vous, de façon à « toucher » l'horizon au milieu de la règle, les extrémités de la règle se détacheront au-dessus de l'horizon, l'écart mesurant 0,8 millimètre.

Eric Kvaalen, La Courneuve, France

Pour faire bref, la courbure de la Terre n'est pas clairement visible, où que l'on soit à la surface de la Terre. Les pilotes d'avions de reconnaissance comme le *Lockheed U-2* et le *Blackbird SR-71* mentionnent que la courbure de la Terre ne devient vraiment perceptible qu'à une altitude de 18 kilomètres environ. En fait, elle a été photographiée à cette altitude depuis le *Concorde*. Mais on peut déduire cette courbure même au niveau de la mer. Les navires distants, par exemple, disparaissent en dessous de la ligne d'horizon de bas en haut, comme s'ils sombraient sous les flots.

Mike Follows, Willenhall, Royaume-Uni

? Soleil noir

Si le Soleil s'éteignait ou qu'une éclipse permanente frappait la Terre, de combien de temps disposerait-on avant de tous mourir de froid, et que pourrait-on faire pour l'éviter ?

Darren Darby, Londres, Royaume-Uni

Un petit calcul suggère que la Terre entière gèlerait en moins de 45 jours, en rayonnant son énergie thermique en accord avec la loi de Stefan-Boltzmann, qui relie la perte d'énergie d'un corps à sa température. Mes calculs supposent que la vaste majorité de l'énergie solaire capturée par la Terre est stockée dans ses océans qui ont une température moyenne de 15 °C jusqu'à 35 mètres de profondeur. L'énergie stockée par la mer à plus grande profondeur ne compte pas, parce qu'elle serait rapidement isolée de l'extérieur par une couche de glace.

Avec sa moindre capacité thermique, la terre ferme gèlerait beaucoup plus vite que les océans. L'air au-dessus des océans relativement chauds se mettrait à monter, aspirant sous lui l'air plus froid en provenance des continents. Le contact refroidirait les eaux de surface et pourrait accélérer la convection de l'eau en général, l'exposant d'autant plus à l'obscurité glaciale.

Il est intéressant de noter que les cendres volcaniques émises par l'éruption du Tambora en 1815 ont joué à la fois en faveur et à l'encontre d'un refroidissement. Les cendres ont masqué le Soleil, mais elles ont également réduit les pertes thermiques de la Terre par effet de serre. L'insolation a chuté d'environ 25 % pendant un certain temps, menant à une baisse globale de la température de 0,7 °C en 1816. Mais cette baisse de température fut somme toute faible en regard d'une telle réduction de l'insolation, ce qui suggère que la Terre pourrait prendre plus de 45 jours pour geler complètement. En fait, le gel pourrait être retardé davantage par l'effet de serre naturel de notre atmosphère et par l'inertie thermique de nos océans.

Cela étant, la Terre parviendrait encore à soutenir une colonie humaine. Il y aurait encore beaucoup d'énergie disponible sous forme fossile, nucléaire et géothermique. Mais sans plantes pour renouveler notre oxygène, ce gaz diminuerait rapidement, de sorte que nous serions obligés de bâtir des biosphères avec de la lumière artificielle pour stimuler la photosynthèse des plantes.

Heureusement, éteindre le Soleil est une expérience qui n'aura lieu pour de vrai que dans 5 milliards d'années.

Mike Follows, Willenhall, Royaume-Uni

On ne peut pas éteindre le Soleil comme on éteint une simple ampoule électrique. Le Soleil brille parce que sa surface est à

5500 °C et il est chauffé par fusion nucléaire au sein de son noyau qui est encore plus chaud – environ 15000000 °C. Même si cette fusion pouvait être brutalement stoppée, le Soleil continuerait à rayonner, tout comme la résistance d'un four électrique continue à émettre de la chaleur longtemps après que vous l'avez éteint.

De toute évidence, le Soleil est plus gros et plus chaud qu'un four, et continuerait donc à rayonner très longtemps. En outre, l'énergie produite dans le noyau du Soleil prend beaucoup de temps à atteindre la surface de l'astre – plusieurs millions d'années si vous suivez le parcours d'un photon. Le Soleil se refroidirait un tout petit peu chaque année, mais à mesure qu'il refroidirait, il se contracterait, relâchant de l'énergie gravitationnelle qui lui procurerait de la chaleur supplémentaire et ralentirait son refroidissement. C'est ainsi que les étoiles de type naine blanche continuent de briller. En fait, des millions d'années s'écouleraient avant que nos descendants ne perçoivent la moindre différence.

En revanche, si le Soleil disparaissait soudain par magie, la Terre se refroidirait rapidement. Les personnes sans protection gèleraient au bout de quelques jours, mais celles qui descendraient au fond des mines pourraient survivre beaucoup plus longtemps, chauffées par géothermie.

Jeff Hecht, correspondant du *New Scientist*,
Auburndale, États-Unis

Même si le Soleil s'éteignait, les écosystèmes autour des sources hydrothermales sur les dorsales sous-marines continueraient de pratiquer la chimiosynthèse à partir de l'énergie géothermique, des milliers de millions d'années durant. Pas de problème, donc, pour les vers à tube géants.

Allan Mann, Alnwick, Royaume-Uni

Le précédent lecteur se trompe en disant que les vers à tube géants continueraient à vivre comme si de rien n'était si le Soleil s'éteignait. C'est un mythe moderne que de croire que les communautés d'organismes qui vivent par chimiosynthèse autour des évents hydrothermaux sont autonomes. Elles ne le sont pas. La plupart utilisent l'oxygène dissous dans l'eau de mer pour leur métabolisme. Ce gaz provient bien sûr de la photosynthèse réalisée à la surface de la mer et de la terre ferme en présence d'énergie solaire.

Mike Cotterill, Freshwater, Royaume-Uni

Que d'eau, que d'eau…

À la lecture de vos livres, je sais maintenant quel pourcentage de la surface du Royaume-Uni est occupé par des routes, mais de retour des Pays-Bas, j'aimerais maintenant savoir quel pourcentage de ce pays est recouvert d'eau.

Byron Hambleton, Lille, France

Les statistiques officielles indiquent que 19,3 % de la superficie des Pays-Bas est recouverte par de l'eau. Cela étant, tout plan d'eau plus étroit que six mètres est comptabilisé comme étant de la terre ferme. Ainsi, la surface réelle occupée par l'eau est certainement supérieure à 20 %.

K. A. H. W. Leenders, géographe historien,
La Haye, Pays-Bas

Ah, les Pays-Bas ! Le pays des canaux, des digues, des moulins… et de 18,41 % d'eau. Les Pays-Bas viennent au quatrième rang des pays les plus « aqueux », derrière les Bahamas (27,76 %), la Guinée-Bissau (22,48 %) et le Malawi (20,49 %).

La superficie totale des Pays-Bas est de 41 526 kilomètres carrés, avec 33 883 kilomètres carrés de terre ferme (dont 27 % sous le niveau de la mer) et 7 643 kilomètres carrés d'eau. Malgré tous les efforts de dame nature, la proportion de terre ferme augmente, grâce aux versions modernes de ces digues et moulins à vent qui ont fait la gloire du pays. Depuis le XIIIe siècle, 10 % de la superficie totale des Pays-Bas a été gagnée sur la mer, sous la forme de polders. Il s'agit de fonds lacustres – lacs délimités artificiellement par des digues, dont l'eau est pompée par des moulins et drainée par des canaux.

Toutefois, ce n'est pas seulement la mer que combattent les Néerlandais assiégés. Les Pays-Bas se trouvent à l'embouchure de trois fleuves majeurs : le Rhin, la Meuse et le Scheldt. À part les fameuses digues qui empêchent la moitié du pays d'être envahie par la mer, d'autres digues et barrages le long des fleuves protègent le territoire des inondations d'eau douce.

James England, Woodville South, Australie

? Courir en altitude

Nombre de records d'athlétisme et de cyclisme ont été établis en altitude, par exemple en 1968 aux jeux Olympiques de Mexico. L'air y est plus mince, ce qui permet aux athlètes et aux cyclistes d'être moins gênés par la résistance de l'air et d'aller plus vite. Cela étant, l'alimentation en oxygène est certainement plus difficile en altitude, donc il doit y avoir un niveau où l'altitude ne favorise plus les performances d'un athlète. Quel est ce niveau d'équilibre et comment le définit-on ? Quelles pistes ou vélodromes en sont le plus proches ?

Carlos Loeb, Madrid, Espagne

La ville de Mexico est perchée à environ 2 250 mètres au-dessus du niveau de la mer. Donc, comme le fait remarquer à juste titre le lecteur, l'air y est moins dense à cause d'une pression atmosphérique plus faible – 580 millimètres de mercure (mmHg), à comparer avec 760 mmHg au niveau de la mer –, et vous ne pouvez même pas vous faire un thé correct parce que l'eau y bout à 92 °C, plutôt qu'à 100 °C.

La densité plus faible de l'atmosphère réduit indéniablement le travail à fournir par un cycliste pour fendre l'air, mais pose un problème d'alimentation en oxygène. Quoique l'oxygène représente toujours 21 % de l'atmosphère, la pression partielle qu'elle exerce au niveau de Mexico est de 120 mmHg, contre 160 mmHg au niveau de la mer. Cela signifie qu'il y a une réduction notable de la pression d'oxygène à l'interface entre l'air et le sang dans les alvéoles pulmonaires, menant à une légère hypoxie et à une réduction de la quantité d'oxygène délivrée aux tissus musculaires.

À court terme, les athlètes doivent respirer plus fort, ce qui mène à une alkalémie respiratoire (pH du sang plus élevé), et le débit du cœur augmente pour distribuer le sang plus vite de manière à compenser le déficit. Après plusieurs semaines d'acclimatation, à la fois la densité du réseau sanguin dans les muscles et le nombre de globules rouges dans le sang augmentent, apportant plus d'oxygène aux muscles. De plus, les reins relâchent un surcroît de bicarbonate pour compenser l'alkalémie due à la respiration plus rapide et à la réduction concomitante du taux de dioxyde de carbone. Ces effets ne confèrent aucun avantage à l'athlète tant qu'il reste en altitude, mais lui procure un bref avantage lorsqu'il redescend au niveau de la mer.

À des altitudes plus élevées, au-dessus d'environ 2 500 mètres, le rythme cardiaque et l'alimentation en oxygène sont étirés au maximum, au-delà de la capacité du corps à compenser les effets négatifs, de sorte que la quantité de travail fourni et les performances de l'athlète diminuent.

Il semblerait bien que la densité moindre de l'air soit la seule explication pour les performances établies aux jeux Olympiques

de 1968, d'autant que nombre d'athlètes se sont certainement entraînés en altitude.

Ian Jeffcoate, département des sciences vétérinaires de la cellule, université de Glasgow, Royaume-Uni

L'altitude affecte à la fois la course à pied et la course cycliste, de deux manières contradictoires. La puissance nécessaire pour vaincre la résistance de l'air varie proportionnellement à la densité de l'air et à la vitesse élevée au cube. Cela a pour importantes conséquences que la résistance de l'air est beaucoup plus importante à haute vitesse, et qu'on peut la réduire en montant en altitude où l'air est moins dense.

L'autre effet d'une faible pression atmosphérique est que l'athlète reçoit moins d'oxygène. Dans une course qui dure moins de 20 secondes, la majeure partie de l'énergie provient de la glycolyse, à travers laquelle les muscles consomment des glucides sans nécessiter beaucoup d'oxygène. Ce phénomène, ajouté à la grande vitesse d'un sprinteur, signifie que les temps réalisés en altitude seront plus rapides.

Dans les courses plus longues, les athlètes dépendent davantage de la respiration aérobie, ce qui fait que pour toute course qui dure plus d'une minute, les avantages de l'altitude sont perdus. En cyclisme, le rapport est différent : à la plus haute vitesse (plus de 70km/h), 90 % de l'énergie dépensée par un cycliste sert à vaincre la résistance de l'air. C'est pourquoi presque tous les records du monde sont établis en altitude.

En athlétisme, le 400 mètres se situe à la frontière du sprint et du demi-fond aérobie. Une étude publiée en 1991 dans la revue *Journal of Applied Physiology* suggère que l'altitude idéale pour cette épreuve se situerait entre 2 400 et 2 500 mètres, c'est-à-dire proche de l'altitude de Mexico. Et en effet, l'un des records des jeux Olympiques de 1968 qui a tenu le plus longtemps a été celui du 400 mètres, établi par l'Américain Lee Evans.

Sam Baylis, Malvern, Royaume-Uni

Clair de Lune

Pourquoi la Lune nous paraît-elle aussi brillante en plein jour qu'un nuage, alors que c'est un corps céleste très sombre avec un albédo de 0,07 ? L'albédo est le rapport de l'intensité lumineuse réfléchie par un objet par rapport à celle qu'il reçoit du Soleil, et l'albédo des nuages mesure entre 0,6 et 0,8. Cela paraît sans rapport avec la différence perçue de la brillance de la Lune par rapport à celle des nuages.

Nigel Scott, Altrincham, Royaume-Uni

La lumière de la Lune est une lumière réfléchie. Or nous voyons les nuages en lumière transmise, parce que nous sommes sous les nuages et que la lumière passe à travers eux, plutôt qu'elle ne se réfléchit à leur surface. Seuls les voyageurs des avions de ligne voient en contrebas le sommet des nuages en lumière réfléchie, et même à travers les vitres teintées des hublots, constatent que les nuages sont bien 10 fois plus brillants que la Lune, comme le suggèrent leurs albédos réciproques.

Hazel Beneke, Gatton, Australie

Remonte-pente

Dans les collines au sud de Rome se trouve une région qui était volcanique dans un lointain passé. La route de Rocca di Papa à Albano y suit une légère pente, connue de tous, qui possède une surprenante propriété. Si vous arrêtez votre voiture, que vous passez au point mort, et que vous relâchez doucement le frein, la voiture se met lentement à remonter la pente en marche arrière. J'ai observé ce phénomène deux fois, une fois en tant que passager et l'autre en tant que conducteur, les deux fois en plein jour. Y a-t-il une explication physique à cela ?

Nicholas Hutton, Londres, Royaume-Uni

On observe le même phénomène sur la route A719, au lieu-dit Electric Brae, dans le Ayrshire au Royaume-Uni. Il y a même des panneaux de signalisation particuliers pour prévenir du danger de rencontrer des voitures qui dérivent en marche arrière, leurs conducteurs trompés par leurs sens. On y contourne la crête d'une colline pour rentrer dans une petite vallée aux pentes raides, et le conducteur croit voir la route plonger vers le ruisseau. Mais la route suit le flanc de la vallée, plutôt que de traverser le fond de la vallée à angle droit, et elle suit en fait une pente légèrement montante.

Douglas Stewart, département d'Ingénierie, université d'Aberdeen, Royaume-Uni

Près de Neepawa, dans le Manitoba au Canada, il y a une route appelée Magnetic Hill (la colline Magnétique). Vous descendez une longue pente douce, vous arrêtez votre véhicule, relâchez le frein, et votre voiture part en marche arrière, remontant apparemment la pente. Les habitants du coin ont fini par accepter que la colline n'est pas réellement magnétique, mais qu'il s'agit d'une illusion d'optique très convaincante produite par la topographie locale. La même explication s'applique sans doute aussi à la route de Rocca di Papa à Albano.

Peter Brooks, Bristol, Royaume-Uni

Il m'est arrivé la même expérience en Israël sur un site tout à fait similaire, près de Jérusalem. La route est taillée dans le versant d'une colline, avec un précipice d'un côté et un épaulement rocheux de l'autre. La sensation que la voiture grimpe la côte en roue libre est une illusion d'optique causée par l'angle que fait l'épaulement par rapport à la route. Bien évidemment, la voiture est en train de descendre la pente.

Jonine Cortens, Swansea, Royaume-Uni

Je me rappelle avoir lu un article sur un phénomène similaire en Australie, il y a de nombreuses années de cela. La route en question passe près du site de Hanging Rock, une colline qui sert de cadre à un roman à mystère et dont fut tiré d'ailleurs un célèbre film. Vu l'emplacement déjà auréolé de mystère, les gens du cru étaient tout à fait prêts à accepter un tel phénomène et à présumer, voire même à souhaiter, qu'une force d'attraction inexpliquée s'y manifestait. L'explication réelle est beaucoup plus terre à terre, bien qu'étrange. Après des mesures précises, il s'est avéré que la route en question est légèrement en pente, mais dans le sens contraire de sa direction apparente.

Mark Seto, Saint Lucia, Australie

Je me souviens, lors d'un cours de géodésie à l'université, du cas d'une canalisation d'eau en République d'Irlande, où de l'eau devait couler sur une grande distance avec pour seul moteur la force de gravité. Le dénivelé, soigneusement calculé pour l'opération, était infime. Lorsque l'ouvrage fut terminé et de l'eau introduite dans la tuyauterie, les ingénieurs furent stupéfaits de voir l'eau rebrousser chemin et remonter vers sa source.

L'explication s'avéra être une anomalie locale du champ de pesanteur, où celui-ci n'agissait pas perpendiculairement au géoïde, mais à un angle qui le faisait pointer très légèrement vers la source. Cette minuscule anomalie était suffisante pour contrecarrer le gradient de pente encore plus infime suivi par la tuyauterie. Par conséquent, l'eau remontait véritablement la pente. J'imagine qu'une petite pompe a dû résoudre le problème.

Oliver Moffatt, Kendal, Royaume-Uni

J'ai rencontré un cas où c'est un fleuve qui paraît remonter la pente. Aux États-Unis, la route 128 quitte Moab dans l'Utah pour se diriger vers l'est le long du fleuve Colorado pendant plusieurs kilomètres. À un endroit donné, le fleuve paraît clairement grimper une pente – une impression qui vous déboussole complètement. Les roches du canyon où coule le fleuve sont stratifiées, et je soupçonne que c'est l'angle que font les strates avec l'horizontale qui crée cette illusion d'optique.

David Cope, Cambridge, Royaume-Uni

Tout comme David Cope, il m'est arrivé de voir de l'eau « couler à reculons ». C'était au lycée, le long d'une piste de cross, à Bradford dans le West Yorkshire. Un ruisseau gonflé par de fortes pluies avait débordé de son lit et coulait le long de la piste. Nous étions de sortie, ma classe et moi, pour notre parcours de cross hebdomadaire, et nous nous sommes arrêtés pour commenter le phénomène, quoique nous étions tous fatigués et trempés. La semaine suivante, le prof de gym nous a ramenés sur les lieux – sous le soleil, cette fois – avec de la ficelle et des niveaux à bulle, pour nous prouver que la pente que l'on croyait gravir était en fait une descente. Preuve qu'un enseignement basé sur l'expérience porte ses fruits, je me souviens encore de cette démonstration trente ans plus tard.

Derek Hite, Manchester, Royaume-Uni

? C'est un petit pas pour l'homme…

Pourquoi nos grands télescopes, pourtant capables de voir des galaxies lointaines à des millions d'années-lumière, ne peuvent-ils pas être pointés vers la Lune pour nous montrer les traces d'alunissage sur les sites Apollo ? Ne serait-ce pas là une façon incontestable de prouver aux sceptiques que l'homme a bien marché sur la Lune ?

Liza Brooks, Shrivenham, Royaume-Uni

La résolution angulaire (*appelée aussi pouvoir séparateur, NdT*) d'un télescope – la taille du plus petit objet qu'il peut percevoir à une distance donnée – est inversement proportionnelle au diamètre de sa lentille ou de son miroir. En d'autres termes, pour voir un petit objet à grande distance, vous avez besoin d'un très grand télescope.

La plate-forme d'*Eagle*, module lunaire d'*Apollo 11*, mesure environ 4,3 mètres de large : la voir depuis la Terre, lorsque nous sommes aux plus près de la Lune, nécessite un télescope d'une résolution angulaire de 670 milliardièmes de degré. En tenant compte du fait que la lumière réfléchie par la Lune a une longueur d'onde de l'ordre de 550 nanomètres (valeur moyenne pour la lumière visible), il faudrait un télescope d'un diamètre de 60 mètres pour voir le module lunaire. Le plus grand télescope actuellement en service est le Grand télescope des Canaries, sur l'île espagnole de La Palma, qui a un diamètre de 10,4 mètres.

Bâtir de plus grands télescopes est très coûteux. Le devis pour la construction du Overwhelmingly Large Telescope (OWL) de l'ESO, au diamètre compris entre 60 et 100 mètres, est estimé à 1,2 milliard d'euros.

Alby Reid, Redhill, Royaume-Uni

Nous pouvons voir les galaxies lointaines, mais pas des traces de pas sur la Lune beaucoup plus proche, parce que les galaxies et les groupes de galaxies sont une cible beaucoup plus vaste : elles occupent ou « sous-tendent » un angle beaucoup plus large dans notre ciel. Les galaxies sont également brillantes, ce qui les fait se détacher sur le fond noir du ciel, alors que les traces de pas des astronautes n'offrent aucun contraste par rapport au sol lunaire. Seules pourraient nous aider les ombres laissées par l'empreinte des bottes.

Imaginez vos deux piétons lunaires marchant à 1 mètre l'un de l'autre. Tracez dans votre esprit deux droites allant de votre œil aux deux astronautes. Plus les personnages sont distants,

plus l'angle entre vos deux droites diminue. Le plus petit angle sous lequel vos deux personnages sont encore résolvables (séparables) constitue le pouvoir séparateur de votre instrument d'optique – de votre œil dans ce cas précis. Nous faisons appel à des télescopes parce qu'ils ont un plus grand pouvoir séparateur et peuvent résoudre des objets qui sous-tendent un angle plus petit.

À l'œil nu – la pupille ayant une ouverture d'environ 2 millimètres –, nos deux piétons deviendraient inséparables, visibles comme un seul point, à partir d'une distance d'environ 2 kilomètres, pour quelqu'un ayant une vision parfaite et avec la diffraction pour seule limite. Le meilleur télescope terrestre opérant dans le spectre visible est le Grand télescope des Canaries à La Palma, d'une ouverture d'environ 10 mètres, ce qui lui donne un pouvoir séparateur environ 5 000 fois supérieur à celui de l'œil humain. Un télescope d'une telle puissance permettrait de distinguer deux piétons à 10 000 kilomètres de distance. La Lune est toutefois éloignée de 380 000 kilomètres, et à une telle distance le télescope n'a aucune chance de séparer deux piétons et *a fortiori* de distinguer leurs traces de pas.

Pour déterminer le pouvoir séparateur d'un télescope, nous utilisons la loi de Rayleigh. Cette loi nous enseigne que le plus petit objet détectable par un télescope sous-tend un angle qui correspond à la longueur d'onde de la lumière visible, divisé par l'ouverture (le diamètre) du télescope. En multipliant ce chiffre par la distance à l'objet visé, vous obtenez la taille du plus petit objet discernable.

En prenant 555 nanomètres comme longueur d'onde de la lumière visible, 10 mètres comme ouverture de notre télescope, et 380 000 kilomètres comme distance à la Lune, la taille du plus petit objet résolvable sur la Lune serait de l'ordre de 20 mètres, en ignorant les limitations imposées par l'aberration atmosphérique. Pour distinguer une trace de pas, il faudrait un télescope d'une ouverture d'environ 20 kilomètres.

Seulement si l'on rapprochait le télescope spatial Hubble à 40 kilomètres de distance de la surface lunaire pourrait-on atteindre une résolution de 1 centimètre et distinguer des traces de pas. Les sondes spatiales en orbite lunaire survolent la Lune à des altitudes de cet ordre, mais ne disposent pas d'optiques aussi puissantes. Une autre solution consiste à mettre des télescopes terrestres en réseau pour obtenir par interférométrie de très grandes ouvertures virtuelles.

Quoi qu'il en soit, je crois qu'il y a des choses plus intéressantes à étudier, d'autant que les sceptiques ne seront jamais convaincus de toute façon.

Mike Follows, Willenhall, Royaume-Uni

Sur le site de la NASA, vous pouvez maintenant distinguer les modules lunaires et les traces de pas des astronautes Apollo, sur des images prises à partir de 2009 par le *Lunar Reconnaissance Orbiter* (LRO) en orbite lunaire. (*Plutôt que les empreintes individuelles de chaque pas, c'est la traînée de sol remuée et projetée alentour par la marche des astronautes que l'on voit, et pour les missions Apollo 15 à 17, celle projetée par les roues des jeeps lunaires. NdT*)

Bill Watson, département de mathématiques
et d'informatique,
Saint John's University, États-Unis

Si les sceptiques ne croient pas aux alunissages Apollo et aux photos prises par les astronautes sur place, pourquoi croiraient-ils davantage aux images prises par des télescopes mis en fonction par l'organisation même qu'ils soupçonnent de leur mentir ?

Stephen Gisselbrecht, Boston, États-Unis

6. Drôle de temps

Pluie annoncée

Durant le Grand Prix de Monaco, je regardais les pilotes en découdre sur le mouillé, lorsque le commentateur a annoncé qu'une nouvelle averse était prévue sur la piste 6 minutes plus tard. Comment des prévisions météo peuvent-elles être aussi précises ? Et si une telle technologie existe, pourquoi le grand public n'en profite-t-il pas ? Pour la petite histoire, il n'a pas plu comme prévu, mais si des prévisions aussi précises sont faites avec autant d'aplomb, j'imagine qu'elles sont justes la plupart du temps.

Derek Bolon, Tetbury, Royaume-Uni

La raison pour laquelle on peut faire des prévisions aussi précises durant les Grands Prix, c'est que l'on dispose de radars et de stations météo sur site, mis à notre disposition par la FIA, l'instance internationale qui régit les courses automobiles. À Monaco, ces stations sont gérées par le bureau français de météorologie, Météo France, qui dépêche sur place un spécialiste afin d'anticiper les précipitations.

Chaque équipe peut s'abonner au service et recevoir les données directement sur ses écrans de contrôle, sur le muret des stands. Ces données comprennent les images radar, les températures et les pressions pratiquement en temps réel. Il y a aussi les prévisions des précipitations, rafraîchies chaque minute, qui sont transmises sur le canal TV de la direction de course, en même temps que les évènements sur la piste comme les

drapeaux bleus passés aux voitures qui sont sur le point de se faire prendre un tour.

Joseph Birkett, ingénieur de piste, Red Bull Racing
Milton Keynes, Royaume-Uni

Nombreux sont les lecteurs qui ont pensé aux radars météo. Les États-Unis, l'Australie, les Pays-Bas et l'Allemagne possèdent de tels services disponibles au public. En voici un exemple typique.

Je suppose qu'ils utilisent un radar météo. Nous en avons un qui est situé 200 kilomètres à l'ouest de chez nous, à West Takone en Tasmanie, et en se connectant au site internet du Bureau australien de météorologie, on peut voir la carte des précipitations en temps réel, y compris leur intensité, ainsi qu'une animation qui montre à quelle vitesse les précipitations se dirigent vers nous. Pratique quand on sèche le linge dehors.

Lorsque notre toit s'est effondré au milieu de l'hiver et que l'on vivait sous des bâches, c'était très utile. Les couvreurs gardaient à l'œil la carte radar, et dès qu'ils voyaient une éclaircie d'au moins 20 minutes, ils enlevaient les bâches et reprenaient le travail, jusqu'à ce que je leur donne un préavis de 5 minutes pour qu'ils les remettent.

Jan Horton, West Launceston, Australie

? La vitesse du feu

Est-ce qu'il peut faire trop froid pour allumer un feu ? Ou dans le même registre, est-il possible qu'un feu puisse s'éteindre à cause du froid, alors qu'il dispose d'assez de combustible pour brûler en temps normal ?

Ian Tilly, Ashford, Royaume-Uni

Le feu est une réaction chimique rapide et exothermique (qui dégage de la chaleur), prenant place entre un combustible et un oxydant – généralement de l'oxygène. La vitesse d'une réaction chimique augmente en fonction de la température, puisque les molécules s'agitent plus vite et entrent en collision plus fréquemment. La plupart des combustibles et des oxydants peuvent coexister à température ambiante sans s'enflammer spontanément. Bien qu'ils puissent lentement réagir ensemble, la vitesse de réaction est si lente que la chaleur produite est dissipée avant que le mélange ne puisse chauffer : c'est le cas, par exemple, d'un morceau de fer qui rouille.

Pour allumer un feu, il est nécessaire de chauffer le mélange jusqu'à son point d'autoinflammation. Il s'agit de la température à laquelle la vitesse de réaction est suffisamment élevée pour produire plus de chaleur qu'il ne s'en dissipe vers l'extérieur. L'énergie calorifique commence alors à s'accumuler, accélérant la vitesse de réaction, ce qui produit encore plus de chaleur, et ainsi de suite. Cet emballement de la réaction est ce que l'on appelle un feu.

La réponse à la question de savoir s'il peut faire trop froid pour allumer et nourrir un feu dépend donc de la différence entre la température d'autoinflammation et la température ambiante. La chaleur se dissipe dans l'environnement à la fois par radiation et par convection. Plus l'environnement extérieur est froid, plus rapide est la perte de chaleur par ces deux procédés. Ainsi, pour des combustibles de qualité inférieure comme le bois, qui ne dégagent pas beaucoup de chaleur lorsqu'ils brûlent, un feu ne saurait perdurer si l'environnement est très froid. Pour maintenir la combustion, il faudrait lui fournir de la chaleur en continu à partir d'une source extérieure.

Simon Iveson, département d'ingénierie chimique,
université de Newcastle, Australie

Vent sonore

Je vis 1 kilomètre au nord d'une autoroute bruyante. Lorsque le vent vient du sud, le bruit des voitures est sensiblement plus élevé que lorsque le vent vient du nord. En supposant que la vitesse du vent avoisine 30 kilomètres/heure, comment est-ce que sa direction peut affecter autant le bruit du trafic, puisque la vitesse du son dépasse pour sa part 1 200 kilomètres/heure ?

Jim Turton, par courriel, pas d'adresse postale

Le vent est le facteur météorologique qui a le plus d'influence sur le son dans un rayon d'environ 150 mètres autour d'une source de bruit comme une autoroute.

Les effets du vent sont principalement confinés à la propagation sonore au niveau du sol. Cela est dû à un phénomène appelé cisaillement de vent : la vitesse du vent est inférieure au niveau du sol à cause de la friction.

Ce gradient vertical de la vitesse dévie les ondes sonores plutôt vers le bas lorsqu'elles voyagent dans le sens du vent et plutôt vers le haut lorsqu'elles circulent en sens inverse. Ce phénomène de réfraction tend à réduire le bruit en amont (au vent) de la source sonore, et à l'amplifier en aval (sous le vent) de cette même source.

Sur des distances supérieures à 150 mètres, le gradient vertical de la température s'avère plus important. La cause en est que sous certaines conditions atmosphériques stables, la température augmente avec l'altitude, soit à partir du sol, soit à partir d'une hauteur donnée. Une telle inversion a lieu lorsqu'une couche d'air chaud est piégée entre deux couches d'air froid. L'inversion fait que la vitesse du son augmente avec l'altitude, ce qui cause une réfraction des ondes sonores vers le sol. Cela se traduit par une augmentation du niveau sonore pour les auditeurs distants.

Victor Zeuzem, San Mateo, États-Unis

Les cheveux en pétard

Alors qu'elles marchaient le long de la digue, à Berwick-upon-Tweed dans le nord-est de l'Angleterre, ma petite-fille et sa mère ont remarqué qu'elles avaient les cheveux hérissés sur la tête. Il a commencé à pleuvoir peu après, mais il n'y a eu ni éclair, ni tonnerre ce jour-là. Que se passait-il ?

Richard Turner, Harrogate, Royaume-Uni

Je me souviens, dans un de mes livres de physique, d'une femme photographiée sur un belvédère du Sequoia National Park en Californie, les cheveux hérissés sur la tête. Elle était en grave danger : il y a eu un coup de foudre quelques minutes seulement après son départ, faisant un mort et plusieurs blessés (*Fundamentals of Physics*, par David Halliday, Robert Resnick et Jearl Walker). Il est probable que votre petite-fille et sa mère ont rencontré des conditions similaires.

La plupart des nuages d'orage contiennent une accumulation de charges électriques négatives à leur base. Tout ce qui est proche de cette base ressent l'effet des forces électrostatiques : les électrons dans les cheveux sont repoussés vers le bas, rendant la pointe des cheveux positivement chargée. Ces pointes sont alors attirées par le nuage, et se repoussent mutuellement, ce qui leur donne leur aspect hérissé. On obtient le même effet en frottant les cheveux de quelqu'un avec un ballon en caoutchouc : le ballon devient chargé négativement et attire les cheveux qui se dressent sur la tête.

Les victimes de la foudre disent souvent qu'elles avaient senti des picotements et que leurs cheveux s'étaient dressés sur

la tête, avant d'être frappées. Heureusement, l'air est un bon isolant électrique et, dans le cas de votre petite-fille et de sa mère, la charge électrique du nuage n'était pas suffisante pour se décharger vers le sol, et il n'y a pas eu d'éclair. Votre famille s'en est tirée à bon compte. Dans la nature, si vous sentez des picotements et vos cheveux qui se dressent sur la tête, c'est qu'un coup de foudre est imminent : courez vite vous mettre à l'abri.

Iain Longstaff, Linlithgow, Royaume-Uni

Le phénomène que vous avez décrit s'appelle un coup de chance : les deux personnes en question ont été assez chanceuses pour échapper à la foudre. Randonneurs et alpinistes expérimentés savent que ce phénomène des cheveux qui se hérissent est le signe précurseur d'un coup de foudre : ils réagissent en s'aplatissant au sol ou, s'ils sont en pleine escalade, en redescendant en vitesse.

Il y a un gradient vertical de voltage dans l'atmosphère qui par temps sec est de l'ordre de 100 volts par mètre. Pour une grande personne, il y a donc une différence de potentiel de 180 à 200 volts de la tête aux pieds.

Lorsque les nuages électriquement chargés d'un orage s'accumulent, une charge électrique induite se crée au sol et suit les nuages, augmentant sensiblement le gradient de voltage. Si cette différence de potentiel est suffisante pour vaincre la résistance de l'air – environ 3 millions de volts par mètre – la foudre peut sauter le pas. Dans la pratique, les coups de foudre peuvent se déclencher pour des différences de potentiel nettement inférieures. Le fait que le lecteur n'ait pas vu d'éclair ni entendu de tonnerre suggère que, par chance, le voltage n'a pas atteint une valeur suffisante pour qu'ait lieu un coup de foudre.

Larry Constantine, département de mathématiques
et d'ingénierie, université de Madère, Portugal

Arche-en-ciel

Il y a de cela quelques années, entre deux averses, j'ai observé un arc-en-ciel retourné (en forme de « u » plutôt que de « n »). Les couleurs étaient également inversées. Il est apparu 40 degrés au-dessus de l'horizon et ses dimensions étaient plus petites que celles d'un arc-en-ciel ordinaire. Cet arc de cercle a persisté environ une minute avant qu'un côté ne s'évanouisse, la moitié restante persistant une minute supplémentaire. Quelqu'un peut-il expliquer le phénomène ?

R. Dufton, Banbury, Royaume-Uni

Les arcs-en-ciel sont circulaires, mais recoupent le sol avant d'avoir pu embrasser un cercle complet, d'où leur forme en arc. Comme votre arc-en-ciel était haut dans le ciel (40 degrés au-dessus de l'horizon), on peut présumer que d'autres facteurs étaient en jeu, notamment un phénomène de réflexion.

Michael Edie, Petersfield, Royaume-Uni

Il est possible que dans le dos de l'observateur se trouvait une surface réfléchissante, comme un plan d'eau très lisse. La réflexion du soleil sur cette surface a pu projeter un arc-en-ciel devant l'observateur. En se retournant, l'observateur aurait vu l'image du soleil comme si celui-ci se trouvait sous la surface de l'eau. Le centre du soleil aurait donc semblé se trouver sous l'horizon. Dans ces circonstances, un arc-en-ciel sous la forme d'un cercle complet peut se manifester devant l'observateur avec un soleil éclairant le ciel vers le haut, alors qu'en temps ordinaire il darde plutôt ses rayons vers le bas. Ce que l'observateur a donc pu voir, c'est la moitié inférieure du cercle complet d'un arc-en-ciel.

Malcolm Brooks, service de presse du Bureau météorologique, Royaume-Uni

Mouillé pour mouillé

Si je descends du bus et qu'il pleut, je sprinte vers mon domicile en me disant que je serai moins mouillé que si je marche. Cependant, j'ai entendu dire qu'on est frappé par le même nombre de gouttes dans les deux cas. Où est la vérité ?

Mark Haines, Londres, Royaume-Uni

Le volume que votre corps balaye entre le bus et votre pas-de-porte est le même. Ainsi, en supposant un taux de pluie constant, le nombre de gouttes de pluie qui tombent et que votre corps croise est le même. Toutefois, le nombre de gouttes de pluie tombant directement sur votre crâne est proportionnel au temps que vous êtes exposé à la pluie, donc le fait de courir réduit cette composante du problème.

En revanche, le fait de courir va amasser sur vous toutes les gouttelettes croisées en un intervalle de temps plus court. Cela va vous donner un aspect plus mouillé, car le séchage par simple évaporation a moins le temps d'agir. En résumé, dans le cas de petites averses, avec de modestes taux de gouttes à la fois balayées et tombées verticalement sur la tête, il est sans doute préférable de marcher. Nous arrivons à cette conclusion de manière presque instinctive, sachant qu'il faudrait aussi intégrer la probabilité que la pluie s'intensifie ou se calme, la distance à parcourir, et la vitesse de course.

Il serait intéressant de confirmer cette théorie en filmant des piétons, en mesurant l'intensité de la pluie, et en notant à partir de quelle intensité ils se mettent à courir.

Mike Stevenson, Millom, Royaume-Uni

Si le piéton en question se trouve dans le district du Lac (*nord-ouest de l'Angleterre, NdT*), où la pluie frappant à l'horizontale est monnaie courante (et toujours opposée au sens de la marche), alors il est recommandé que le piéton se déplace le plus vite possible, car le nombre de gouttes de pluie balayées est déterminé par la vitesse relative du piéton par rapport à la pluie et le temps mis à faire le trajet.

En effet, si la pluie se déplace par rapport au sol à la vitesse v_r (opposée au sens de la marche), alors le piéton, marchant à la vitesse v_p, sera plus mouillé d'un facteur $1 + v_r/v_p$ que lors d'une pluie verticale. En revanche, en courant dans le même sens que la pluie et aussi vite qu'elle (définie comme $v_p = - v_r$), il est théoriquement possible de rester complètement sec.

Martin Whittle, Sheffield, Royaume-Uni

Tempête de grêle

Comment se fait-il que les tempêtes de neige puissent durer longtemps et précipiter une épaisse couche de neige, alors que les tempêtes de grêle sont brèves et ne donnent qu'une mince couche de grêlons ?

Mathias Brust et Robert Wilson, université de Liverpool

La plupart du temps, la neige a pour origine de vastes bancs de nimbus stables. La genèse d'un flocon requiert une cristallisation lente et continue, sans grande turbulence. Si le vent fait monter les nuages au-dessus d'un relief, ou si une masse d'air chaud glisse sans heurts au-dessus d'une masse d'air froid, la neige peut durer aussi longtemps et couvrir une aussi grande surface que la pluie.

Les grêlons se forment dans des conditions de convection violente au sein de cumulonimbus étirés en hauteur, isolés et instables, où le brassage est vigoureux. La plupart des grêlons sont constitués de couches concentriques, indiquant qu'ils ont

circulé en boucle entre niveaux de gel et niveaux de fonte. À un certain stade, le nuage atteint une taille limite où son ombre empêche le soleil de chauffer le sol, chauffage qui entretient en temps normal les courants d'air ascendants qui soulèvent les grêlons : ceux-ci s'abattent alors en averses brèves et localisées.

Des couches de grêlons particulièrement épaisses peuvent parfois se former, mais lorsqu'un cumulonimbus atteint de grandes dimensions, par jour ensoleillé quand le sol est chaud, le même nuage peut également précipiter de la pluie tiède, et les grêlons tendent alors à fondre rapidement.

Alan Calverd, Bishop's Startford, Royaume-Uni

7. Problèmes de transport

Arme fatale

J'ai entendu dire que l'arme la plus meurtrière créée par l'homme est l'automobile, dépassant en nombre de victimes les armes à feu, les bombes classiques et les bombes nucléaires. Est-ce vrai ? Et quels sont les chiffres à l'appui ?

Thomas Elling, Londres, Royaume-Uni

Tout d'abord, s'il s'agit de comparer les victimes de la route avec celles d'armes utilisées en toutes occasions, y compris en période de guerre, les armes sont de loin les plus meurtrières.

Il y a nombre de raisons à cela, à commencer par le fait qu'à l'inverse des armes, l'automobile n'a pas été conçue dans le but de tuer : la plupart des décès sur la route sont accidentels. En outre, alors que les javelots, les armes à feu et les explosifs sont en usage depuis des siècles, les automobiles ne sont apparues qu'il y a 120 ans environ. Elles ne sont produites à la chaîne que depuis 100 ans et accessibles à l'ensemble de la population que depuis 60 ans.

Cela étant, quels sont les chiffres à la clef ? Sur les routes américaines, il y a en moyenne de 40 000 à 50 000 victimes par an depuis 1970. Si l'on extrapole ces chiffres sur une période de 100 ans (une simplification réductrice car lorsqu'il y avait à peine 50 000 voitures aux États-Unis, il n'y avait pas 50 000 victimes), et si l'on double ce chiffre pour inclure l'Europe, la Russie, le Japon et l'Australie, on en arrive à 10 millions de victimes environ sur une période d'un siècle.

En comparaison, la Seconde Guerre mondiale a fait à elle seule 20 millions de morts environ parmi les combattants. Les pertes civiles causées par des armes, y compris par des bombes classiques et des bombes atomiques, et en excluant l'holocauste, les famines et autres événements associés, se montent probablement à 20 millions également. Il semblerait donc, à moins qu'il y ait eu des millions de victimes de la route non déclarées dans certains pays, que l'automobile ne soit pas la plus meurtrière.

Toutefois, si l'on ne tient pas compte des guerres dans le calcul, il y a matière à débattre. Les décès par armes à feu aux États-Unis ont atteint le chiffre de 28 874 victimes en 1999, dont 16 500 suicides et 10 800 meurtres, le solde représentant des accidents ou autres causes non rapportées. D'après le US National Safety Council, les accidents de la route ont fait 42 401 victimes cette année-là.

Alexander D. Mitchell, Baltimore, États-Unis

Cette comparaison de la dangerosité des armes de guerre et des automobiles ne tient pas la route, mais comme tous les mythes elle repose sur un semblant de vérité. Le mythe a pris naissance durant les années 1980, dans une remise en cause révisionniste de l'implication de l'armée américaine au Vietnam, lorsqu'il a été dit qu'un plus grand nombre de jeunes Américains étaient morts chaque année dans des accidents de la route que dans les jungles de l'Asie du Sud-Est.

En fait, durant dix ans de guerre, les pertes américaines au Vietnam se sont élevées à 47 378 morts, contre une moyenne de 45 000 victimes *par an* sur les routes américaines au milieu des années 1960. L'ironie du sort, c'est que la plupart des 10 824 pertes essuyées « hors combat » par l'armée américaine au Vietnam sont dues à des accidents de véhicules. En outre, le groupe d'individus le plus touché est le même, tant au Vietnam que sur les routes : les hommes âgés de 18 à 25 ans. D'un point de vue révisionniste, il était donc 10 fois moins dangereux d'aller au combat que de conduire une voiture.

Cela étant, si l'on veut poursuivre la comparaison dans cette voie, il faut noter que les chiffres employés ne concernent que les forces armées américaines. Par exemple, les pertes côté Vietnam – en incluant militaires, civils et insurgés – ont décimé 12 à 13 % de la population durant la guerre. Si la nation américaine avait connu un massacre équivalent, il y aurait eu chez eux 28 millions de morts.

Hadrian Jeffs, Norwich, Royaume-Uni

En négligeant de prendre en considération les pays en voie de développement, certaines des réponses précédentes ont omis près de 90 % des accidents de la route. L'Organisation mondiale de la santé estime le vrai total à près de 1,2 million de victimes par an, avec sans doute une majorité de piétons et de cyclistes.

Il est également nécessaire d'ajouter les décès attribués à « la pollution de l'air due au trafic », selon les termes d'un autre rapport de l'OMS. Ceux-ci sont estimés de 0,8 fois (en Nouvelle-Zélande) à 3 fois (en Suisse) le nombre de victimes directes d'accidents de la route, de sorte qu'il serait raisonnable de doubler l'estimation de la mortalité routière et de la porter à 2,4 millions de victimes par an.

On devrait également y ajouter une estimation des décès dus au changement climatique causé par les émissions de dioxyde de carbone des industries pétrolières et automobiles. Le nombre de décès en question ne sera sans doute connu que lorsqu'il dépassera plusieurs dizaines de millions par an, parce qu'il est difficile d'attribuer pour l'instant des épisodes isolés de sécheresse, tempêtes ou inondations au seul changement climatique.

Même en ignorant les victimes du changement climatique, le nombre actuel de décès par an dus à la circulation routière est au moins le double du nombre de victimes par fait de guerre.

Philip Ward, par courriel, pas d'adresse postale

L'effet de sol

J'ai entendu dire qu'une Formule 1 génère assez d'appui (ou force de succion) à 200 kilomètres/heure pour rouler au plafond. Est-ce vrai ? Et dans l'affirmative, comment cette force est-elle générée ?

Robert Webber, Melbourne, Australie

En bref, la réponse est affirmative, et c'est l'appui qui en est la cause. L'appui est une force dirigée vers le sol, quelle que soit l'orientation de celui-ci, et en gros, son intensité est proportionnelle au carré de la vitesse du véhicule. À haute vitesse, cette force d'appui dépasse le poids de la voiture, qui pourrait donc rouler au plafond d'un tunnel. Selon les réglages, l'appui et le poids d'une Formule 1 sont sensiblement égaux lorsque la vitesse atteint 130 kilomètres/heure.

Prenez l'exemple d'une armoire que vous remplissez de vêtements. Devenue plus lourde, elle sera plus difficile à faire glisser au sol en raison d'une force de friction supérieure exercée par ses pieds contre le parquet. De même, l'ingénieur qui conçoit une F1 désire augmenter la friction entre les pneus de sa voiture et la piste, de façon à ce qu'elle puisse négocier un virage à plus haute vitesse sans déraper. Mais l'ingénieur veut obtenir cet effet sans augmenter le poids de la voiture.

La réponse est l'effet de sol, qui peut être obtenu de deux façons. La première consiste à installer des ailes inversées qui sont orientées de façon à canaliser l'air vers le haut, ce qui procure à la voiture une force de réaction dirigée au contraire vers le bas, c'est-à-dire vers la piste. La seconde consiste à exploiter l'effet Bernoulli : si un flux d'air passe par un conduit qui se resserre, le flux accélère. C'est ce qui se passe sous une F1 parce que l'espace entre la piste et le châssis confine étroitement le flux d'air. Selon la loi de Bernoulli, l'accélération du flux d'air entraîne alors une baisse de pression sous la voiture. La pression ambiante au-dessus de la voiture se trouvant du coup plus élevée que celle sous le châssis, la force résultante est dirigée là aussi vers la piste.

Il faudrait adapter les tunnels pour permettre aux voitures de course d'y rouler au plafond, ce qui mènerait à d'intéressantes manœuvres de dépassement sur des pistes comportant des tunnels, comme celle de Monaco. Cela causerait aussi de dangereux accidents : tout pilote roulant au plafond, amené à freiner brutalement, perdrait son effet de sol – son effet de plafond dans ce cas – et tomberait tête en bas sur la piste.

Mike Follows, Willenhall, Royaume-Uni

En théorie, une F1 pourrait en effet rouler tête en bas, mais seulement en théorie. Les voitures de course génèrent une grande partie de leur appui en créant une zone de basse pression sous le châssis. Ce fut particulièrement évident à la fin des années 1970, lorsque les voitures utilisaient des jupes qui descendaient à ras du sol de façon à confiner la zone de basse pression. L'écurie Brabham a même conçu une F1 qui aspirait l'air sous la voiture – dans le but déclaré de refroidir le moteur – et y créait une zone de basse pression. Le procédé fut interdit après sa première et seule victoire, en partie parce qu'il était impossible de la suivre de près, vu qu'elle recrachait par l'arrière des gravillons et autres débris à la face de ses poursuivants.

Pour le tunnel, trois paramètres sont essentiels. Son plafond est-il assez résistant pour supporter la force des voitures qui appuient dessus ? Est-il assez plat pour permettre aux voitures d'être plaquées suffisamment bas contre son revêtement pour générer l'appui nécessaire ? Et enfin, il faut y faire grimper la voiture. Nul doute qu'en construisant un tunnel assez long, il serait facile de construire une rampe d'accès intégrée dans la paroi du tunnel.

Il y a aussi un problème de grip. Parce que la voiture est plaquée au plafond par le flux d'air, ce flux constitue la seule force qui maintient le contact entre les pneus et la piste inversée, ce qui laisse au pilote peu de contrôle sur sa voiture. Il lui serait difficile de freiner sans bloquer les roues, et en braquant trop fort, il partirait également en dérapage. Dans ce cas, ne faisant plus face au sens du mouvement, il perdrait son « effet de plafond » et se mettrait à tomber. Comme la voiture dépend de ses pneus pour sa stabilité directionnelle, et n'a pas d'ailerons de contrôle mobiles comme en possède un avion, le pilote serait incapable de replaquer la voiture au plafond.

Marco van Beek, Londres, Royaume-Uni

Grand bruit de Formule 1

Une Formule 1 passant devant un spectateur dégage un bruit d'environ 110 décibels. Je suis allé l'année dernière à un Grand Prix de Formule 1, avec une place assise devant la grille de départ où les 20 voitures se sont élancées d'un coup. Le bruit était étourdissant, bien plus fort que celui d'une seule voiture, mais pas 20 fois plus fort (ce qui se serait soldé par 2 200 décibels, un chiffre extravagant). Pourquoi ne fut-ce pas le cas ?

Walter Coppin, Édimbourg, Royaume-Uni

Il y a deux phénomènes en jeu. D'une part les sources sonores ne sont pas synchronisées : les voitures produisent leur bruit indépendamment les unes des autres, et un pic sonore de l'une peut coïncider avec une baisse de volume d'une autre. Pour de telles sources sonores non synchronisées, la pression du son (la compression de l'air que détecte votre oreille) n'augmente qu'en fonction de la racine carrée du nombre de sources.

D'autre part, l'échelle des décibels (dB) est logarithmique : les éléments d'une somme ne s'ajoutent pas de façon linéaire. Le facteur d'augmentation du niveau de décibels est le logarithme du rapport du nombre de sources (dans ce cas 20/1) multiplié par 10. Ainsi, les 19 voitures supplémentaires ajoutent environ 13 décibels au bruit qui atteint 123 décibels pour les 20 voitures.

C'est le même cas pour les violons d'un orchestre. Les 16 violons d'un orchestre ne produisent que quatre fois plus de volume sonore qu'un seul instrument. Si un violon produit 70 dB, 16 violons produisent 82 dB. De même, réduire au silence la moitié des trompettes – dont le son est beaucoup plus fort que celui des violons – ne réduit leur volume sonore que de quelques décibels, ce qui explique pourquoi on a besoin de tellement plus de violons que de trompettes dans un orchestre.

Hugh Hunt, université de Cambridge, Royaume-Uni

En 1990, j'ai mesuré les niveaux sonores du Grand Prix d'Angleterre à Silverstone pour le compte d'un organisme de santé publique. J'ai trouvé que le niveau sonore d'une seule voiture passant dans la ligne droite des stands est effectivement de 110 dB environ.

Le niveau sonore a énormément varié durant la course. À la fin du premier tour, toutes les voitures sont passées devant mon enregistreur virtuellement au même instant, alors qu'à la fin de la course, les voitures étaient dispersées tout autour de la piste. En termes de niveau sonore maximum sur un tour, la différence entre le maximum du premier tour et celui des tours où les voitures étaient dispersées a oscillé autour de 12 dB, soit à peu près conformément à ce que la théorie prévoit.

Le volume d'un son perçu par un observateur est une autre affaire et diffère des niveaux enregistrés. L'oreille humaine fonctionne sur la base de rapports, de sorte que doubler la puissance d'un son produit environ la même augmentation du volume sonore perçu, quel que soit le niveau de départ.

Une règle simple qui marche bien pour la plupart des gens est qu'une augmentation de 10 dB est perçue comme un son « deux fois plus fort », de sorte que pour un observateur comme votre lecteur, 20 voitures passant ensemble produisent un peu plus de deux fois plus de bruit qu'une seule voiture, c'est-à-dire les 13 décibels évoqués dans la première réponse.

Cela prouve que le décibel est une unité de mesure très difficile à saisir. C'est pourquoi j'ai relevé le défi d'expliquer la notion de décibel au public qui n'est pas familier avec celle des logarithmes, sur le site bit.ly/decibels.

Tony Woolf, consultant en acoustique, Royaume-Uni

? Le feu aux fesses

Lorsque les vaisseaux Apollo et autres capsules du même genre faisaient leur rentrée dans l'atmosphère terrestre, il était vital qu'ils pointent vers le bas la base de leur cône. C'est là que se trouvait en effet le bouclier thermique qui protégeait le vaisseau de la haute température générée par la friction atmosphérique, friction qui le ralentissait. Comment les capsules étaient-elles conçues pour qu'elles gardent ce large bouclier protecteur pointé vers la Terre, et ne se retournent pas pour pointer le côté opposé dans le sens de la marche ? Il me semble qu'un tel retournement aurait toutes les chances de se produire, car l'orientation en question minimiserait la résistance à l'air. Ou alors, mes connaissances en matière de vol spatial laissent-elles à désirer ?

Bill France, Leicester, Royaume-Uni

On pense souvent à tort que les vaisseaux spatiaux qui rentrent dans l'atmosphère terrestre le font verticalement. Ce mythe est perpétué par de nombreux films de science-fiction.

En vérité, un vaisseau spatial qui effectue sa rentrée atmosphérique suit une trajectoire quasi horizontale, même lorsqu'il revient de la Lune. L'angle avec l'horizontale reste inférieur à 5 degrés jusqu'à ce que le vaisseau ait perdu 75 % de sa vitesse.

C'est la position du centre de masse qui détermine quel côté se tourne dans le sens de la marche. Or, ce point est très proche du bouclier thermique. Pour la capsule Mercury, le centre de masse se trouvait sur l'axe de symétrie du vaisseau, lequel effectuait une rentrée balistique, sans jouer sur la portance.

Lorsque furent conçus les vaisseaux Gemini et Apollo, le centre de masse fut décalé par rapport à l'axe de symétrie. Cela inclinait légèrement le bouclier thermique qui n'était pas exactement perpendiculaire à l'écoulement de l'air. Il en résultait une faible portance, rallongeant la durée de la rentrée atmosphérique, mais réduisant l'intensité de la décélération de 10-12 *g* à 3-4 *g* environ.

Stephen Wood, Orlando, États-Unis

L'orientation d'un corps qui se déplace à travers un fluide sans moyen de contrôle dépend en première approximation des positions relatives du centre de masse et du centre de pression. Le centre de masse est le point du corps autour duquel s'équilibre son poids. Le centre de pression est le point autour duquel s'équilibrent toutes les pressions aérodynamiques et, en gros, le corps s'orientera de façon à positionner son centre de masse devant son centre de pression.

La fléchette est un exemple type. Si vous jetez une fléchette de travers, elle se tourne jusqu'à présenter sa partie la plus lourde, là où se trouve le centre de masse, vers l'avant, tandis que l'empennage de la queue, où se situe le centre de pression, se retrouve à l'arrière.

La capsule Apollo fut conçue de façon à rassembler tout l'équipement lourd à la base du cône, alors que l'habitacle des astronautes, rempli d'espace vide, se situait dans la pointe. Cette disposition plaçait le centre de pression à l'arrière (au-dessus)

du centre de masse, ce qui stabilisait le vaisseau lors de sa rentrée atmosphérique. Le centre de flottaison (qui est lié au centre de pression) se trouvait également au-dessus du centre de masse, ce qui empêchait la capsule de se retourner, une fois amerrie.

Dans les clubs d'astromodélisme, une petite fusée à poudre mal conçue illustre *a contrario* l'importance de cette disposition. Si les ailerons sont trop petits, ou si la masse du bloc de poudre est située trop à l'arrière, le centre de pression peut se retrouver devant le centre de masse. Du coup la fusée est très instable au décollage et part en vrille.

Toutefois, à mesure que brûle la poudre, l'arrière de la fusée s'allège, ce qui déplace le centre de masse devant le centre de pression (où il aurait dû se trouver dès le départ). Du coup, la fusée devient stable et se met à voler en ligne droite, quoique la direction du vol soit désormais hautement aléatoire, voire dangereuse.

Dan Griscom, Melrose, États-Unis

? Suivre le bon chemin

Il y a un chemin dans mon quartier qui se scinde en deux branches au choix : un escalier ou un plan incliné. Laquelle de ces deux options nécessite le plus d'effort et de calories pour arriver en haut ?

Yonatan Silver, Jérusalem, Israël

La réponse est complexe. Monter des marches est plus efficace que gravir une pente et coûte moins d'énergie. D'ailleurs, une pente inclinée dont l'angle est aussi raide qu'un escalier est impossible à gravir.

Les pentes à angle faiblement incliné sont fort longues : elles prennent plus de temps à parcourir qu'un escalier pour atteindre la même altitude, ce qui se traduit par une dépense énergétique accrue. Cependant, lorsque vous grimpez des marches, vous dépensez de l'énergie à un taux plus élevé, ce que vous ressentez comme un travail plus laborieux. Dans les deux cas, le gradient de pente joue un rôle : des marches de faible hauteur ou des pentes de faible déclivité paraissent moins fatigantes parce que le taux ou l'intensité du travail fourni est inférieur.

Michael Rennie, professeur de physiologie clinique,
Derby City General Hospital, Royaume-Uni

8. Le *best of* du reste

Rage virtuelle

Lorsqu'un débat s'engage sur un forum internet, il arrive souvent qu'en peu de temps l'un des internautes se lance dans une attaque apparemment sans fondement contre un autre des participants. Comment se fait-il que l'on assiste à plus d'agressivité que d'ordinaire dans de tels échanges qui ne se font pas face à face ?

John Anderson, Varsovie, Pologne

Quelle question stupide, espèce de...#!*!! LOL!

Nom d'emprunt

En 1987, les psychologues Mary Culnan et Lynne Markus ont invoqué « la théorie des signaux réduits » pour expliquer de tels comportements injurieux en ligne.

Ils ont émis l'idée que la communication à travers les réseaux informatiques est loin de valoir celle d'interlocuteurs face à face, parce que les signaux comportementaux comme le langage corporel, le ton, le volume sonore et l'intensité de la voix en sont absents. Une conversation en ligne, sauf lorsqu'un micro ou une webcam est utilisé, se déroule dans ce qu'on peut appeler un « vide social ». Le petit nombre de signaux disponibles aux interlocuteurs peut mener à une perte d'identité individuelle (la *dé-individualisation*), laquelle sape à son tour les influences normatives et sociales.

Le déclin de telles influences normatives peut mener à des formes de comportement atypiques et en particulier à une perte d'inhibition. Caché derrière un écran d'ordinateur, on se trouve relativement à l'abri de toutes représailles physiques. Cela crée une impression de sécurité et un camouflage pour les participants, renforcés par le contrôle qu'ils peuvent exercer sur l'identité qu'ils affichent en ligne.

Sur les forums, par exemple, vous pouvez choisir quel profil d'information afficher à votre sujet, inventer cette information, voire dans la plupart des cas refuser de la partager avec les autres participants. Il en est de même dans les mondes virtuels où vous pouvez vous choisir un nom et un avatar qui n'ont rien à voir avec votre véritable identité.

Quant à la motivation d'une telle attaque sans mobile apparent, les êtres humains sont décidément complexes : les raisons peuvent en être une simple mauvaise humeur ce jour-là, ou un désir d'excitation que cherche à assouvir le fauteur de troubles.

Thomas Venus, Nuneaton, Royaume-Uni

Les interactions sociales dépendent d'attitudes tant innées qu'acquises, y compris le besoin de s'imposer et de dominer. Des facteurs contraires, comme la peur, l'éducation, l'affection ou les pressions sociales tendent à freiner les débordements et à empêcher une perte de contrôle.

Un sain équilibre entre ces différents facteurs permet de structurer le comportement d'une manière socialement correcte. Sans le retour d'informations procuré par la vie sociale, les inadaptés sociaux, victimes d'enfances malheureuses ou de brimades, prennent plaisir à enfin pouvoir se livrer eux-mêmes à des brimades ou à des actes de sadisme, lesquels peuvent aller jusqu'à pousser d'autres êtres sensibles au suicide.

Les destinataires les plus sensés de ce genre de correspondance mettent simplement l'expéditeur sur liste noire et éliminent ses messages de leur boîte courriel, les « tuant par leur silence » comme disent les Japonais avec sagesse.

Toutefois, les personnes qui se livrent à des injures et à des manœuvres d'intimidation sont nombreuses sur les forums internet, où elles sont intouchables.

D'autres formes d'expression violentes, basées sur un sentiment d'impunité, incluent par exemple l'hooliganisme lors d'un match de foot, ou celles de conducteurs automobiles qui se sentant à l'abri derrière leur volant ne craignent pas d'insulter ou de menacer les autres. George Orwell a qualifié de telles impulsions de « violence irresponsable des impuissants ».

On peut voir un comportement similaire chez les animaux, notamment chez les petits chiens enfermés dans les voitures ou à l'abri derrière leur palissade. Ils prennent des postures menaçantes et se prennent pour des monstres, mais se dégonflent dès que tombe leur barrière de protection.

Jon Richfield, Somerset West, Afrique du Sud

Plaques de contact

Durant les courses olympiques de natation, le vainqueur est la première personne qui touche une plaque de contact sur le bord de la piscine. Comment cette plaque fait-elle la différence entre le toucher du nageur et la pression des vagues et des éclaboussures ? Si le nageur ne fait que l'effleurer, la plaque enregistre-t-elle son arrivée ? Je me rappelle que lors du 100 mètres papillon des jeux Olympiques de Pékin en 2008, le fonctionnement du dispositif fut mis en doute lors de l'arrivée victorieuse de l'Américain Michael Phelps qui glanait là sa septième médaille d'or des Jeux. Comment les officiels ont-ils été convaincus que le dispositif avait bien fonctionné ? Enfin, il est facile de juger qui a gagné dans une course à l'air libre – comme la course à pied – parce qu'une cellule peut scanner la ligne d'arrivée. Mais dans l'eau, comment sait-on que les

plaques de contact sont bien alignées d'un bord à l'autre de la piscine ? Sont-elles alignées avant que l'on remplisse d'eau la piscine, et comment vérifie-t-on l'alignement ?

Kelly Clitheroe, Grimsby, Royaume-Uni

À l'extrémité de chaque ligne d'eau, il y a une plaque de contact haute de 90 centimètres, large de 240 centimètres et épaisse de 1 centimètre. Toucher la plaque arrête le chrono. Omega, fabricant des plaques de contact utilisées durant les jeux Olympiques de Pékin en 2008, assure que les plaques réagissent au moindre toucher de la main du nageur, mais pas aux éclaboussures d'eau.

Néanmoins, après la controverse qui a entouré la victoire de Michael Phelps sur Milorad Cavic dans la finale du 100 mètres papillon des Jeux, victoire plus tard confirmée par des images numériques, il fut révélé qu'une pression d'environ 3 kilogrammes par centimètre carré était nécessaire pour activer la plaque de contact et arrêter le chronomètre. On peut donc dire que le vainqueur est la personne qui touche la plaque avec suffisamment de pression et pas nécessairement celle qui touche la plaque en premier.

Joanna Jastrzebska, North Shields, Royaume-Uni

La sensibilité de la plaque de contact est supposée nécessiter le toucher d'un nageur pour qu'un signal soit déclenché. Une vague aurait besoin de jaillir d'une lance d'incendie afin d'exercer assez de pression pour déclencher le contact.

Un nageur ne peut pas focaliser devant lui une onde d'eau assez puissante pour le déclencher. À l'inverse, effleurer la plaque peut ne pas suffire et aujourd'hui les officiels du chronométrage vérifient les images de caméras à haute vitesse, au-dessus des nageurs, pour voir si une plaque a été seulement effleurée, notamment s'ils ne sont pas sûrs de qui a remporté l'épreuve.

Adrian Skinner, Bournemouth, Royaume-Uni

Les plaques sont vissées à l'extrémité supérieure du rebord de la piscine et leur surface est légèrement décollée de ce rebord. Il faut que le nageur exerce une pression suffisante pour coller la plaque au mur afin que son arrivée soit enregistrée.

Il faut donc toucher la plaque suffisamment fort pour qu'il y ait un signal, lors des virages et sur la ligne d'arrivée. Il existe de rares cas où la plaque n'enregistre rien, soit parce que le nageur n'a pas appuyé suffisamment fort, soit par dysfonctionnement de la plaque. C'est pourquoi il y a des chronométreurs auxiliaires à chaque ligne d'eau – humains ou électroniques – pour confirmer les résultats. Si un record est en jeu, il doit y avoir au moins trois chronométreurs présents, et l'un d'entre eux doit être électronique.

Le chrono affiché peut être examiné par un arbitre s'il y a eu un problème technique : parfois un compromis ou une moyenne des temps peut être officialisé sur décision de l'arbitre. Parfois même le chrono peut être annulé si le dispositif électronique est mis en doute.

Si une plaque connaît un dysfonctionnement durant une course, elle est démontée et remplacée avant la course suivante, ce qui prend 5 minutes environ. La nouvelle plaque est testée en l'enfonçant manuellement, tandis que les résultats sont contrôlés dans la cabine de chronométrage.

Durant les grands championnats, les temps de réaction sur les plots de départ sont également mesurés par des capteurs électroniques et immédiatement affichés (ce qui permet de détecter les faux départs). Les temps de passage des relais sont également enregistrés, pour s'assurer qu'un nageur ne quitte pas son plot avant que le relayeur précédent ne touche la plaque. Les nageurs qui ont terminé leur relais et qui sont encore dans l'eau, alors que la course continue, doivent prendre garde de ne pas toucher la plaque par erreur en sortant de la piscine, afin de ne pas interrompre le chronométrage.

Phil Sears, entraîneur, club de natation amateur,
Dorking Swimming Club, Royaume-Uni

Faux départ

Un sprinteur est accusé de faux départ lorsqu'il réagit moins de 0,1 seconde après le coup de feu du starter. Cela me paraît un chiffre rond bien arbitraire. Quelles études ont été faites pour tester les temps de réaction des athlètes, et le meilleur temps de réaction possible est-il vraiment de 0,1 seconde exactement ?

Cathy Jameson, Barrow, Royaume-Uni

Les premières études scientifiques des temps de réaction chez l'homme furent entreprises en 1865 par le physiologiste néerlandais Franciscus Cornelis Donders, mieux connu de son vivant comme ophtalmologiste, mais qui fut l'auteur de travaux fondateurs en matière de « chronométrie mentale ».

Donders a mesuré les temps de réponse en appliquant des impulsions électriques aux pieds droit et gauche de ses sujets. Ceux-ci devaient réagir aussi vite que possible en appuyant sur la touche d'un télégraphe indiquant quel pied avait reçu l'impulsion. Lors de certains tests, les sujets savaient à l'avance quel pied allait recevoir l'impulsion, alors que d'autres ne recevaient aucune information. En comparant les temps de réponse dans les deux cas, Donders trouva une différence de 0,066 seconde, qu'il posa comme étant la vitesse de réaction mentale chez l'homme.

Dans l'exemple cité par votre lecteur, où le starter utilise un pistolet, le chiffre retenu par l'Association internationale des fédérations d'athlétisme – 0,1 seconde –concorde avec le temps de réponse mesuré par Donders, arrondi au premier chiffre après la virgule. Il est donc pratiquement certain que ce chiffre est le temps de réaction le plus rapide pour un athlète, même s'il suit un entraînement poussé. S'il réagit plus vite, la conclusion incontournable est qu'il s'est élancé du starting-block avant d'entendre le coup de feu.

Hadrian Jeffs, Norwich, Royaume-Uni

On a réalisé de nombreuses expériences pour mesurer les temps de réaction. Nombre d'entre elles furent conduites par des psychologues qui tentaient de trouver une corrélation entre temps de réponse et intelligence. À cet égard, une faible corrélation fut mise en évidence par Ian Deary, Geoff Der et Graeme Ford des universités d'Édimbourg et de Glasgow (Royaume-Uni) en 2001, mais elle reste contestée.

Il y a trois principales méthodes pour mesurer les temps de réaction. La plus simple consiste à soumettre le cobaye à un seul type de stimulus, qui ne nécessite qu'un seul type de réponse. Dans la seconde méthode – qui mesure le temps de réaction de reconnaissance – plusieurs types de stimuli sont présentés au sujet qui doit répondre uniquement à l'un d'entre eux et ignorer les autres : il n'y a qu'une réponse correcte. Enfin, il y a la mesure du temps de réaction de choix, où le sujet doit répondre à des stimuli différents par des réactions différentes, par exemple presser sur un bouton si une lumière rouge s'allume et sur un autre bouton si la lumière est verte.

Quelle que soit la méthode, les sujets font plusieurs tentatives lors d'un test, et on fait la moyenne des temps de réaction pour niveler la variabilité entre les tests et cerner un chiffre représentatif.

Dans le cas précis d'un coup de pistolet, les temps de réponse aux stimuli auditifs ont été étudiés depuis longtemps et la valeur couramment admise est de 0,16 seconde environ. Toutefois, il y a une grande variance entre individus, tout comme chez le même individu au cours du temps.

Ian Smith, Londres, Royaume-Uni

Le grand cri

Dans les zones rurales et montagneuses d'Australie, pour communiquer ou attirer l'attention sur de grandes distances, le cri le plus couramment utilisé est le mot « Cou-iii ! ». Qu'est-ce

qui rend ce mot plus audible que d'autres sur de longues distances, et en existe-t-il un autre qu'il est bon de connaître pour se faire entendre lorsqu'on est perdu dans la nature ?

Tom Langford, Brisbane, Australie

L'ouïe humaine est particulièrement sensible entre 1 et 4 kilohertz, avec un pic à 3 kilohertz. Lorsqu'on pousse le cri « Cou-iii ! », la partie la plus aigue du cri se situe généralement entre 1 et 4 kilohertz. Donc ce n'est pas le mot en lui-même qui porte plus loin, mais le fait que l'oreille humaine est particulièrement sensible à la fréquence utilisée.

Nate Dog, par courriel, pas d'adresse postale

Le son « Cou-iii ! » est particulièrement audible parce qu'il est constitué de deux voyelles ouvertes et longues. Lorsque le mot est crié, « cou » ouvre la gorge et favorise la résonance. Lorsque la suite « iii » est prononcée, la gorge se referme légèrement et le son résonne à plein volume dans la bouche et la cavité nasale.

En revanche, si vous criez un mot comme « help ! », par exemple, la voyelle est très brève et résonne dans une gorge plus fermée.

Ce sont donc les voyelles longues qui vous autorisent à projeter votre voix loin et fort. Pour ce qui est des mots qui attirent l'attention… tout juron fera l'affaire s'il contient des voyelles longues.

Natalie Arad, par courriel, pas d'adresse postale

Faute !

Quel est le degré de précision de l'arbitrage électronique, dit « œil-de-faucon », qui est utilisé au tennis pour juger si une balle est sortie ou pas ? Il me semble que pour la précision requise, il faudrait beaucoup plus de caméras que le nombre présent lors des tournois de tennis. Pourtant, tout le monde a l'air d'accepter les décisions du système. Comment fonctionne-t-il ?

Franco Pallatini, New York, États-Unis

C'est l'Anglais Paul Hawkins qui a inventé et nommé « l'œil-de-faucon », système qui tire profit de son expertise en intelligence artificielle et de sa passion pour le sport, à commencer par le cricket.

Dans le jeu de cricket, le batteur peut être retiré (battu) dans le cas de « jambe devant guichet ». Cette décision est prise par l'arbitre s'il estime que la balle aurait touché le guichet si elle n'avait pas heurté la jambière du batteur. Dans ce cas de figure, « l'œil-de-faucon » peut être utilisé pour prévoir la trajectoire de la balle, et cette analyse électronique est jugée plus précise que le coup d'œil de l'arbitre.

Si cette technologie fut inventée pour le cricket, c'est le tennis qui s'est montré intéressé par le système en premier, sans doute grâce aux multiples rediffusions à la télévision de célèbres séquences montrant les erreurs d'arbitrage à l'origine de la défaite de Serena Williams au profit de Jennifer Capriati durant les quarts de finale de l'US Open en 2004. La technologie « œil-de-faucon » permet de visualiser instantanément les trajectoires de points importants et constitue aussi un moyen d'analyser les performances et la stratégie des joueurs.

Au tennis, le système se base sur un maximum de six caméras, fournissant les données nécessaires pour reconstituer

la trajectoire de la balle par triangulation. La position de la balle à chaque instant est déterminée à partir d'une succession d'images arrêtées fournies par les caméras. Dans une représentation virtuelle du court de tennis, une ligne est alors tracée de chaque caméra au centre de la balle. C'est l'intersection de ces lignes qui définit la position de la balle en trois dimensions et, en passant d'un jeu d'images à l'autre, sa vélocité. On utilise ces données pour calculer l'aire de contact de la balle dans le court, en intégrant même la déformation de la balle lorsqu'elle touche le sol. L'« œil-de-faucon » calcule aussi tout dérapage de la balle au sol qui pourrait tromper l'œil et faire croire qu'elle est sortie.

Mike Follows, Willenhall, Royaume-Uni

Sans faire de vagues

L'eau est-elle le liquide idéal dans lequel nager ? En supposant qu'il ne présente pas d'effets négatifs pour la santé, y a-t-il un autre liquide, plus dense ou plus visqueux ou qui possède quelque attribut distinct, qui permettrait de nager plus vite ou en dépensant moins d'efforts ?

Robert Laing, Londres, Royaume-Uni

La vitesse d'un corps dans un fluide est limitée par la somme de trois facteurs. La traînée visqueuse en est un, qui représente la friction d'un fluide contre la surface qui y est plongée. La traînée de pression en est un autre, qui est la force créée par la différence de pression entre l'avant et l'arrière du corps. Enfin il y a la traînée de vague, qui est l'énergie dépensée par la création de vagues à la surface du fluide.

Je proposerais deux stratégies permettant d'atteindre une plus haute vitesse pour une puissance donnée. La première est de nager totalement immergé dans un fluide qui a une viscosité et une densité inférieures à celles de l'eau, comme par exemple l'acétone, le méthanol ou l'éther. La plus faible viscosité causerait moins de friction et réduirait la traînée de pression, laquelle est proportionnelle à la densité du fluide, à la superficie du nageur en coupe transversale et au carré de sa vitesse. Quant à nager sous la surface, cela élimine complètement la traînée de vague. C'est ce qui permet aux sous-marins d'atteindre de hautes vitesses.

L'autre solution consiste à nager sur un liquide qui a une densité bien supérieure à celle de l'eau, mais une très faible viscosité. Le mercure, dont la densité vaut 13,6 fois celle de l'eau, serait le fluide idéal.

La poussée d'Archimède ferait en sorte que seule une petite fraction du corps serait immergée, ce qui se traduirait par une faible surface de contact avec le fluide et une faible traînée visqueuse. La traînée de pression serait pratiquement identique, parce que la surface du corps immergé, en coupe transversale, est réduite, mais la densité du mercure est plus grande. Quant à la traînée de vague, elle demeure aussi. Bien sûr, vous devrez inventer un style totalement nouveau de natation, qui ressemblerait sans doute à du pagayage.

Radko Istenic, Ljubljana, Slovénie

Le mercure est probablement le liquide idéal pour augmenter les performances d'un nageur. Un nageur pesant 90 kilogrammes, et dont le dos représente une surface de 3 000 centimètres carrés, pourrait se livrer à un genre de dos crawlé et déplacerait une épaisseur de mercure inférieure à 2 centimètres.

Le nageur pourrait garder une grande partie de ses membres hors de l'eau et se propulser en poussant vigoureusement avec les talons.

La goutte de mercure ne mouille pas la peau et la forme convexe de son ménisque aiderait à diminuer encore la traînée.

Avec moins de 2 centimètres d'immersion, le corps du nageur effectuerait une sorte de « mercuro-planning » à la surface du vif-argent.

Le nageur pourrait utiliser ses bras pour obtenir de la poussée supplémentaire et contrôler son cap, mais un bon entraînement serait nécessaire, car immerger ses membres pourrait ralentir l'affaire.

Avec une combinaison en fibre de céramique, un nageur pourrait atteindre de meilleures performances encore dans un bain d'or, de platine ou d'uranium fondu : il déplacerait alors moins de 1 centimètre de fluide, avant que l'isolation thermique de la combinaison ne finisse par rendre l'âme et livrer le nageur à une rapide cuisson.

David Emmanuel, Tulsa, États-Unis

? Verres glacés

J'ai passé du temps dans les collines d'Écosse, l'hiver dernier, et à plusieurs reprises j'ai nettoyé mes lunettes dans un ruisseau de neige fondue, pratiquement à 0 °C. L'eau a refroidi les verres et la monture de métal à tel point que les deux verres en sont tombés. Si je me souviens bien de mes cours de physique, comment est-ce possible, puisque le métal, avec son plus grand coefficient d'expansion, devrait se contracter davantage que le verre optique ? Bien sûr je n'ai jamais observé ce phénomène en temps normal.

Andy Douse, Drumnadrochit, Royaume-Uni

Votre lecteur ne dit pas s'il avait remis ses lunettes sur le nez lorsque les verres sont tombés. Si tel était le cas, c'est sans doute sa chaleur corporelle qui a chauffé la monture plus rapidement que les verres. Si ça s'est passé lorsqu'il lavait ses lunettes dans le ruisseau, c'est que la chute rapide de la température a pu contracter la monture métallique et en expulser les verres.

Doug Grigg, Cannonvalle, Australie

À moins que les lunettes du lecteur soient fort anciennes, ses lentilles sont peut-être en plastique, plutôt qu'en verre. Le plastique a un coefficient d'expansion bien plus élevé que celui de l'acier.

Alan Hickman, Sleaford, Royaume-Uni

Des lentilles en verre ne peuvent pas tomber d'une monture, suite à une contraction thermique, mais la plupart des lentilles sont faites aujourd'hui en polymères. L'acier possède un coefficient linéaire d'expansion thermique qui vaut environ 2×10^{-5} par °C, alors que pour le polycarbonate il vaut environ 7×10^{-5} par °C. En se refroidissant, les lentilles se contractent à l'intérieur de la monture, mais la différence totale de contraction pour 20 °C de refroidissement, appliquée à une lentille de 50 millimètres de large, n'atteint que 0,05 millimètre. En supposant que les verres soient bien centrés dans leur monture, cela ne devrait pas être suffisant pour les déloger. J'en ai fait l'expérience en plongeant mes lunettes de lecture dans un congélateur (40 °C de refroidissement) sans effet notable. Il faudrait conduire plus de tests pour savoir pourquoi les lentilles du lecteur sont tombées.

Philip Ward, Sheffield, Royaume-Uni

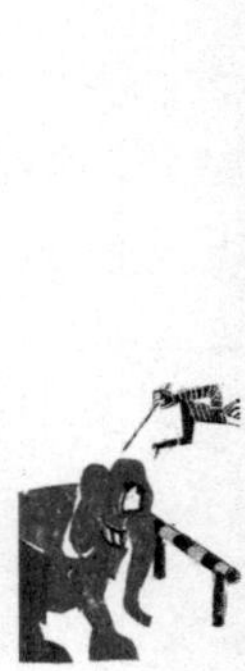

Petit baigneur en gelée

Avec mes amis, on s'est posé la question de savoir ce qui se passerait si l'on remplissait une piscine de Jelly (dessert gélifié très prisé des Anglais, NdT) et qu'on sautait dedans. Certains disent qu'on pourrait tout bonnement s'asseoir dedans. Les autres, dont je fais partie, pensent qu'on sombrerait, au risque de se noyer avec la gelée se refermant sur nous. Comme nous ne voulons pas prendre de risques, nous déconseillons fortement de faire l'expérience. Mais y a-t-il une réponse théorique à cette question ?

Ross, Bristol, Royaume-Uni

L'ingrédient actif du *Jelly* (ou *Jello*) est la gélatine, un gélifiant à base de protéines et notamment de collagène.

Il y a plusieurs qualités de gélatine, caractérisées par leur degré Bloom, qui représente la force nécessaire pour y enfoncer un bouchon jusqu'à une profondeur donnée : plus l'échantillon est rigide, plus grand est son degré Bloom. Les « bébés Jelly » – une confiserie anglaise en forme de bébé miniature – ont un degré Bloom élevé, donc il y a peu de chances de se noyer dans une piscine remplie de ce produit.

La densité de la gélatine est de 10 % supérieure à celle de l'eau en moyenne, de sorte qu'un nageur aurait une plus haute flottaison dans une piscine remplie de gélatine que dans une piscine remplie d'eau. La gélatine est également plus visqueuse que l'eau, ce qui signifie qu'un nageur qui y plonge aura plus de mal à revenir à la surface. Toutefois, deux chercheurs de l'université du Minnesota (Minneapolis, États-Unis) ont gagné le prix parodique Ig Nobel de chimie en 2005 pour leur démonstration qu'on peut nager aussi vite dans de l'eau dopée de gomme de guar – un agent épaississant comestible – que dans de l'eau nature. Le liquide dopé au guar a une viscosité double de celle de l'eau, mais la traînée visqueuse du nageur est compensée par l'augmentation de la poussée que le nageur peut exercer dans le milieu.

Puisqu'on parle dessert, notons que la crème anglaise est également intéressante, parce qu'elle devient plus visqueuse avec la pression. Il est possible de franchir une piscine pleine de crème anglaise en marchant dessus, ce qui fut démontré dans l'émission de vulgarisation scientifique anglaise *Brainiac: Science Abuse* (pour voir le clip : *YouTube*, bit.ly/3dkkg).

Mike Follows, Willenhall, Royaume-Uni

Le pendule de Big Ben

Des photographies du mécanisme d'horlogerie de Big Ben, dans la tour du Parlement de Londres, montrent des pièces de monnaie sur un plateau attaché au pendule qui sert à battre la mesure du temps. Comme la masse n'affecte pas la période d'un pendule, à quoi servent ces pièces ?

Tony Richardson, Ironbridge, Royaume-Uni

Votre lecteur a raison quand il dit que la masse d'un pendule n'affecte pas sa période. Cependant, la longueur du pendule affecte la période, ou plus précisément la distance entre le pivot et le centre de masse du pendule. En ajoutant des pièces au plateau du pendule, on bouge légèrement le centre de masse, ce qui change la période.

Gareth Shippen, Bromsgrove, Royaume-Uni

Un pendule qui oscille sous l'influence de la gravité est un exemple simple de mouvement harmonique. Il est facile de calculer que sa période est proportionnelle à la racine carrée de sa longueur, et est indépendante de sa masse.

Le pendule d'une horloge est conçu pour avoir une période qui se rapproche de la cadence des rouages qui connectent (dans la plupart des cas) l'aiguille des minutes avec la roue d'échappement – la pièce qui convertit les oscillations en mouvement rotatif du rouage. Cette période d'oscillation dépend de la longueur entre le pivot et le centre de masse du pendule. Ajouter de la masse au-dessus du pivot remonte le centre de masse de l'oscillation et réduit la période. Un ajout de masse en dessous rallonge la période.

Au cours des années 1990, j'ai eu le plaisir de travailler pour la société d'horlogerie Thwaites & Reed, alors responsable de l'entretien de Big Ben. Le véritable nom de l'horloge est le Great Westminster Clock (au sens strict, « Big Ben » fait seulement référence à la cloche qui sonne l'heure). Le pendule de l'horloge a une période de 4 secondes, et on peut calculer son centre de masse qui se trouve environ à 3,97 mètres du pivot. Ajouter une pièce d'un cent au plateau accroché dans la partie haute du pendule remonte le centre de masse de 0,0368 mm, ce qui est suffisant pour faire avancer l'heure de 0,4 seconde par jour. Ôter un centime procure l'effet contraire.

Le pendule est complexe et comporte un ressort de suspension en acier, une structure de compensation de la température en acier/zinc/acier, et un poids en fonte à son extrémité, qui possède une vis de réglage pour régler le balancement. Le pendule oscille de 3 degrés (environ 190 mm) de part et d'autre de la verticale. La longueur du pendule, ressort compris, est d'environ 4,5 mètres, et le dispositif entier pèse 322 kilogrammes. Il est évident qu'il n'est pas pratique, voire dangereux, d'arrêter le pendule, ajuster la vis de réglage, et remettre le dispositif en mouvement. Déranger le pendule et le décompte du temps serait intolérable.

Edward John Dent et son fils adoptif Frederick, qui ont construit l'horloge dans les années 1850, bâtissaient leurs modèles de façon à ce qu'ils fonctionnent de façon lente et fractionnée, afin de régler la périodicité voulue en ajoutant des poids sur le plateau supérieur. Des pièces d'un cent (*pennies*) sont utilisées, à cause de leur poids standard.

Pour de courts balancements, la période d'un pendule est indépendante de l'amplitude du mouvement, mais concernant Big Ben, le pendule a une large amplitude et ce n'est plus le cas. L'erreur de chronométrage pourrait ainsi atteindre 13 secondes par jour, si l'amplitude du mouvement venait à changer.

Cela dit, j'ai analysé les performances de Big Ben sur un intervalle de plusieurs années et trouvé que l'horloge atteignait une précision meilleure que 1 seconde par jour (en plus ou en moins), 95 % du temps. Une telle précision est obtenue en notant la différence (et en agissant sur elle le cas échéant) entre le premier son de cloche marquant l'heure, et l'heure exacte donnée par l'horloge parlante sur le réseau téléphonique. Les données montrent que l'horloge n'est pas sensible aux changements de température et de pression atmosphérique, et ne répond qu'aux ajouts et à la soustraction de pièces de monnaie de son plateau, effectués par les opérateurs du pendule afin de corriger les dérives aléatoires de chronométrage.

Alors quelle est la cause de ces dérives ? En fait, il semblerait que la base en zinc qui soutient le poids à l'extrémité du balancier se soit déformée sous ce poids et que la position de celui-ci soit désormais plus basse que lors de la construction de l'horloge. Ce défaut a été corrigé au fil des ans en rajoutant de la masse dans le plateau. Cette élongation veut aussi dire que la compensation thermique du pendule n'est pas aussi bonne qu'autrefois, mais on n'a pas constaté d'incidence. Quant aux effets imputables aux changements de pression atmosphérique, ils sont trop petits pour être décelés.

La revue *British Horological Journal* (vol. 151, p. 437) décrit une horloge à pendule, conçue par l'horloger Philip Woodward et appartenant au Californien David Walter, comme sensible aux petits tremblements de terre imperceptibles aux humains, et sans doute même au trafic sur une autoroute voisine. Dans le même esprit, je soupçonnerais que Big Ben ressent la marée qui remonte la Tamise deux fois par jour, ainsi que les vibrations causées par le métro londonien, sans compter le mouvement des députés qui entrent et qui sortent constamment de la Chambre des communes, juste au sud de l'horloge.

John Warner, Burgess Hill, Royaume-Uni

Index

Table

Dans la même série

Mais qui mange les guêpes ?
et 100 autres questions idiotes et passionnantes
Seuil, « Science ouverte », 2006
et « Points Sciences », 2008

Pourquoi les manchots n'ont pas froid aux pieds ?
et 111 autres questions stupides et passionnantes
Seuil, « Science ouverte », 2007
et « Points Sciences », 2009

Comment fossiliser son hamster
et autres expériences épatantes à faire chez soi
Seuil, « Science ouverte », 2008
et « Points Sciences », 2010

Les ours blancs ont-ils le blues ?
et 100 autres questions savantes et intrigantes
Seuil, « Science ouverte », 2009
et « Points Sciences », 2011

Le Seuil s'engage pour la protection de l'environnement

Ce livre a été imprimé chez un imprimeur labellisé Imprim'Vert, marque créée en partenariat avec l'Agence de l'Eau, l'ADEME (Agence de l'Environnement et de la Maîtrise de l'Énergie) et l'UNIC (Union Nationale de l'Imprimerie et de la Communication).
La marque Imprim'Vert apporte trois garanties essentielles :

- la suppression totale de l'utilisation de produits toxiques ;
- la sécurisation des stockages de produits et de déchets dangereux ;
- la collecte et le traitement des produits dangereux.

RÉALISATION : PAO ÉDITIONS DU SEUIL
IMPRESSION : CORLET S.A. À CONDÉ-SUR-NOIREAU
DÉPÔT LÉGAL : MARS 2011. N°103877 (135578)
Imprimé en France

Le Seuil s'engage pour la protection de l'environnement